gut

the body literacy library

내 몸을 읽는 최신 인체 과학

바디 사이언스: 소화기관

오스틴 창 지음 | 이솔 옮김

the body literacy library

내 몸을 이해하는 것은 인간의 기본적인 권리다.
이를 통해 우리는 자신을 관찰하고, 배우고, 이해하게 되며,
이 세 가지 단계를 거쳐야 자신을 깊게 이해하고 돌볼 수 있다.

<바디 사이언스 시리즈>에서는 내 몸의 아주 작은 신호에도
귀를 기울이는 법을 배운다. 책 속에는 조금은 쑥스러워
망설였던 질문에 대한 답과, 더 행복하고 건강한 삶을 살기 위해
필요한 우리 몸에 관한 모든 지식이 담겨 있다. 단순히 내 몸의
소리를 듣는 것에서 끝나지 않고 내 몸이 말하고자 하는
메시지를 이해할 수 있어야 자신을 지키는 힘이 생긴다.

이 책과 함께라면 있는 그대로의 나를
사랑하는 법을 배우고 앞으로의 건강과 행복을 위해
현명하고 긍정적인 변화를 만들어 갈 수 있다.

바로 지금부터 시작해 보자.

차례

08	10	32
들어가며	Chapter 1 소화기관의 역할	Chapter 2 소화와 영양

56	86	98
Chapter 3 일상적인 관리	Chapter 4 대변	Chapter 5 무엇이 문제일까?

120	156	190
Chapter 6 무언가 잘못되었을 때	Chapter 7 병원에서	마치며

192	200	205
참고 자료	찾아보기	감사의 글

들어가며

소화기관 건강이 어렵게 느껴지는 건 당신만이 아니다. 많은 이들이 소화기관 건강을 단순히 장 건강이라고 생각하지만, 사실 그 이상이다. 식도를 지나 위, 소장, 대장으로 이어지는 소화관뿐만 아니라, 간, 쓸개, 췌장과 같은 주요 장기들도 함께 작용하며 수많은 중요한 기능을 수행한다. 그런데도 우리는 소화기관 건강에 관한 이야기를 꺼리는 경향이 있다. 항문이나 대변 같은 주제에 대한 사회적 금기가 존재하다 보니, 정작 우리의 건강을 위해 꼭 필요한 대화를 나누지 못하는 경우가 많다. 소화기관 건강은 결코 난해한 주제가 되어서는 안 되지만 여전히 많은 부분이 미스터리로 남아 있다.

인터넷과 소셜 미디어에 넘쳐 나는 잘못된 정보는 소화기관 건강을 더욱 이해하기 어렵게 만들었다. 모든 사람은 언젠가 소화기관 건강과 관련된 문제를 겪게 되기 마련이다. 이를 노린 일부 업체들은 불필요한 검사나 과학적 근거가 부족한 건강보조제를 판매하며 이익을 챙기려 한다. 이런 상황이 크게 제재받지 않는 이유는 소화기관 건강 자체가 아직 명확히 규명되지 않은 분야이기 때문이다. 연구가 계속 진행 중일 뿐만 아니라, 새로운 과학적 증거가 축적될수록 기존의 이해가 변화하고 있다.

이 책의 목적은 소화기관이 어떻게 작용하는지를 명확히 설명하는 것뿐만 아니라, 소화기관 건강을 유지하는 방법과 문제가 발생했을 때 소화기내과 전문의들이 이를 치료하는 방법을 안내하는 것이다. 이 책을 읽을 때 소화기관 건강이 단순히 생물학적 요인에 의해서만 결정되는 것이 아니라는 점을 기억하는 것이 중요하다.

소화기관에서 벌어지는 모든 일이 전적으로 개인의 책임은 아니다. 사회적 요인 또한 소화기관 건강에 영향을 미친다. 사회적 환경, 의료 서비스와 교육에 대한 접근성, 경제적 안정성, 거주 지역 등은 개인이 자신의 건강을 관리하고, 권장된 치료 계획을 따르는 능력에 영향을 줄 수 있다. 예를 들어 교통수단, 육아 문제, 직장에서 시간을 내기 어려운 상황 등으로 기본적인 진료 예약조차 잡기 어려울 때가 많다. 어떤 경우에는 양질의 식품을 구하는 일이나, 안전한 환경에서 신체 활동을 유지하는 것 자체가 쉽지 않을 수도 있다. 이뿐만 아니라, 제도적 차별과 무의식적인 편견 또한 의료 시스템과 의료 서비스 제공 방식에 영향을 미쳐 왔다.

의료 연구는 오랫동안 모든 인구 집단을 고르게 반영하지 못한 채 이루어져 왔다는 점을 기억해야 한다. 특히, 인종 및 민족적 소수자, 성적 지향 및 성별 정체성이 소수인 집단은 연구에서 충분히 대표되지 못한 경우가 많았다. 당신이 이런 집단에 속한다면, 최근 포용성과 건강 형평성에 관한 관심이 높아지고 있는 흐름이 앞으로 보다 많은 근거를 확보하는 데 이바지할 것이다. 이를 통해 소화기관 건강을 포함한 다양한 의료 서비스가 더 공정하게 제공될 수 있기를 기대해 본다.

소화기내과 전문의로서 내 목표는 항상 본질을 꿰뚫고, 근거 기반의 정보를 좀 더 쉽게 "소화할" 수 있도록(말장난 맞다) 정리해 전달하는 것이다. 이를 통해 더 많은 사람이 자신의 장 건강을 스스로 관리할 수 있도록 돕고 싶다. 하지만 장 건강을 지키는 일이 혼자만의 싸움이어야 할 필요는 없다. 함께 해 보자!

Chapter 1

소화기관의 역할

똑똑한 소화기관

소화기관은 단순히 몸 안에 떠다니는 장기의 집합체가 아니다. 매우 정교하게 조직된 네트워크로, 하루 24시간 쉬지 않고 생명을 유지하는 데 중요한 역할을 한다.

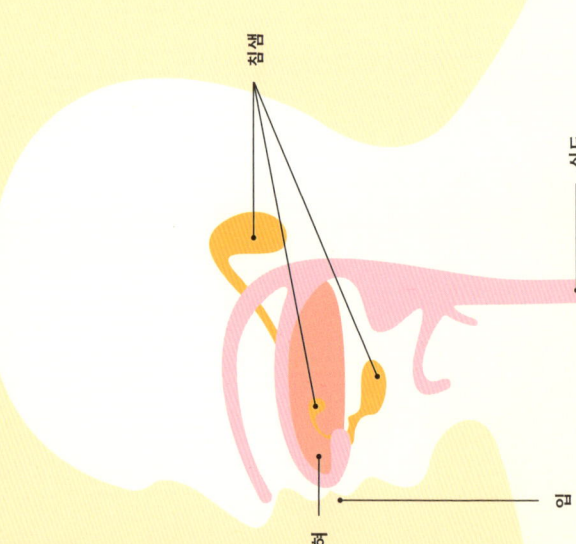

쓸개
식도
혀
입

많은 사람들이 소화기관이 하는 일은 그저 음식을 통해 영양소를 흡수하고 남은 찌꺼기를 몸 밖으로 배출하는 것이라고 생각한다. 하지만 소화기관은 단순히 입에서 항문까지 이어진 긴 관이 아니다. 소화기관의 각 장기는 저마다 중요한 기능을 수행하며, 그 내부에는 혈관, 신경, 면역세포, 그리고 화학적 전달 물질로 이루어진 복잡한 네트워크가 얽혀 있다. 이 네트워크는 몸속 곳곳으로부터 보호하고, 배가 고픈지 아닌지 신호를 보내며, 심지어 뇌와 같은 다른 장기들과 소통하는 등 다양한 역할을 맡고 있다.

이 책에서는 소화기관을 구성하는 각각의 장기들이 하는 일을 자세히 살펴보고(14~17쪽 참조), 그 내부에서 벌어지는 미세한 작동 원리와 신비한 이야기에 대해서도 알아보겠다(18~20쪽 참조).

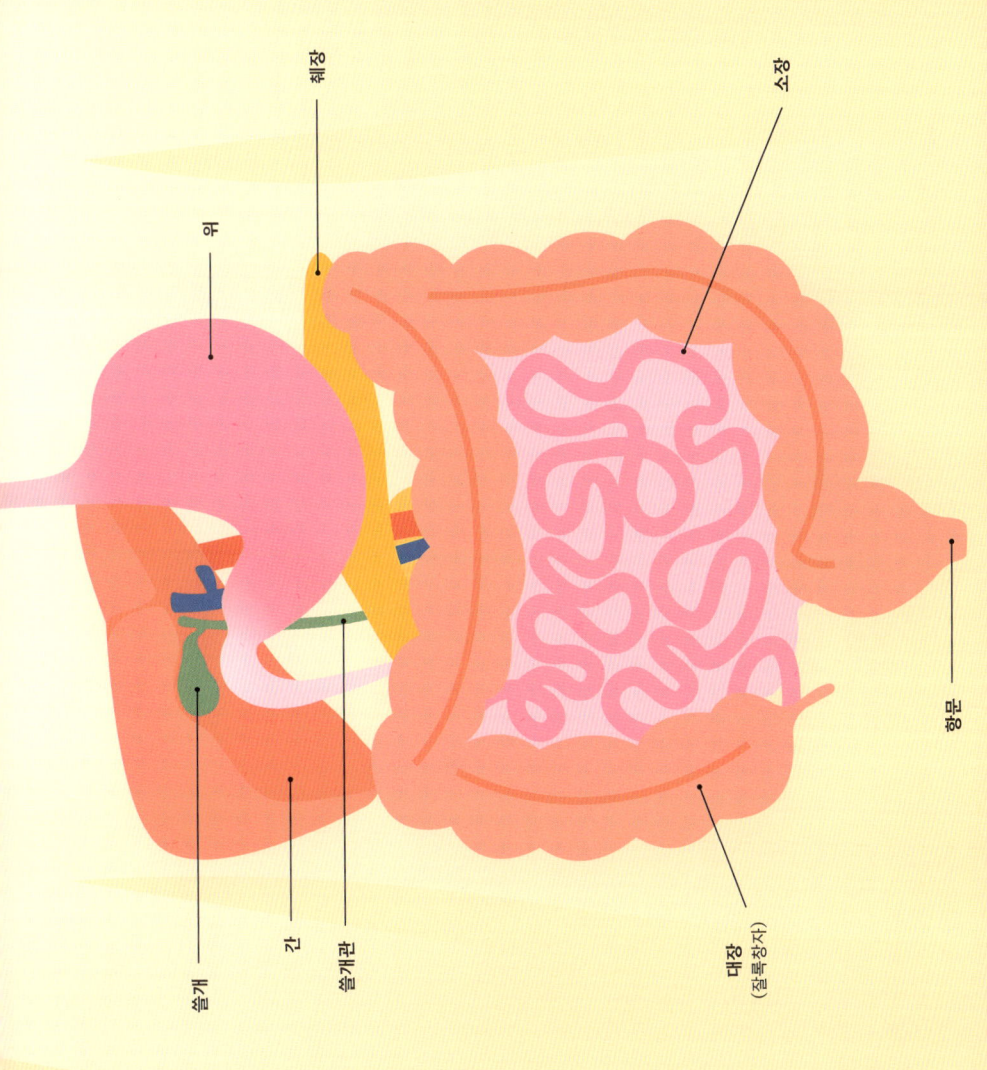

한 장기에서 또 다른 장기로

우리 몸이 항상성, 즉 완벽한 조화를 유지하려면
각 장기가 제 역할을 충실히 수행해야 한다.
지금부터 소화기관의 핵심 멤버들을 만나 보자.

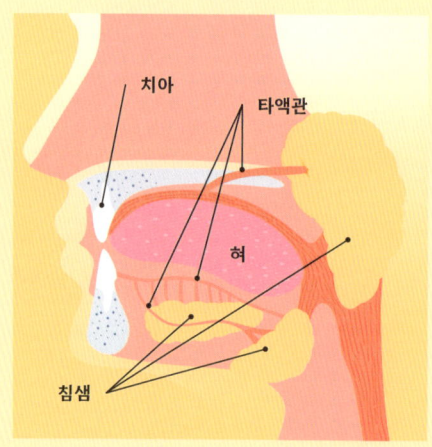

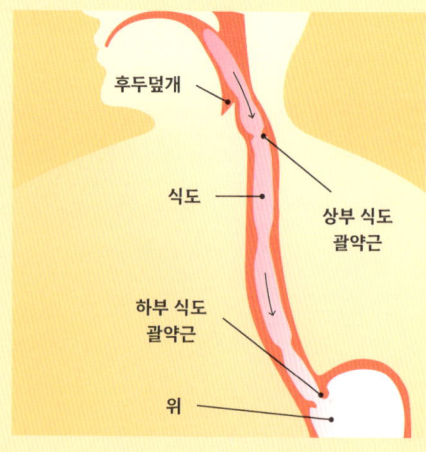

입

소화는 바로 입에서 시작된다. 먼저 이(치아)로 음식을 작은 조각으로 자른다. 씹는 과정은 음식이 식도로 안전하게 넘어가도록 하는 데 필수다. 단순히 음식을 잘게 부수는 물리적인 과정뿐만 아니라, 침 속에 포함된 구강 효소가 복잡한 영양소를 간단한 형태로 화학적으로 분해하기 시작한다. 이렇게 분해된 영양소는 이후 소장과 대장에서 흡수될 준비를 마친다.

식도

식도는 음식물을 입에서 위로 운반하는 근육질의 튜브다. 식도는 연동운동이라는 조화로운 근육 운동을 통해 음식이 쉽게 이동하도록 한다. 입에서 작게 분해된 음식은 이 파동 같은 움직임을 통해 식도를 따라 아래로 내려가며, 하부 식도 괄약근이 이완되면서 음식이 위로 들어갈 수 있게 한다. 음식을 삼킬 때는 후두덮개가 마치 뚜껑처럼 기관지를 덮어 주어 질식하지 않도록 보호한다.

한 장기에서 또 다른 장기로

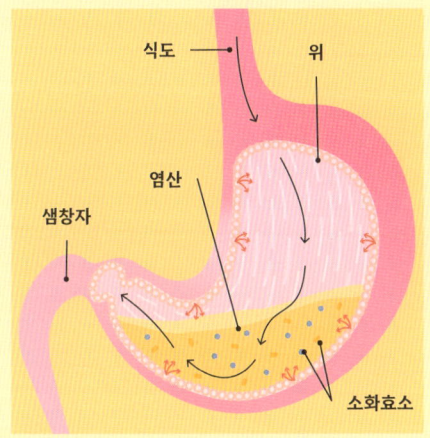

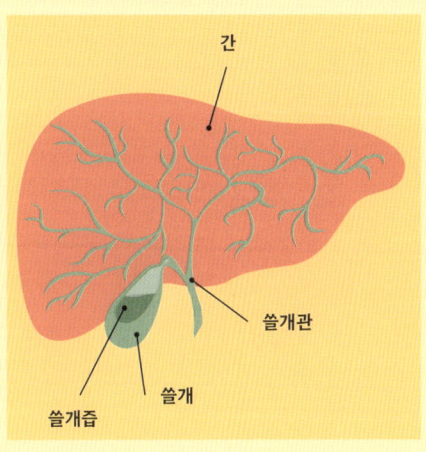

위

위는 여러 겹의 근육으로 이루어져 있으며, 이 근육들이 수축하며 음식을 으깨고, 섞고, 소장으로 이동시킨다. 위는 염산과 소화효소를 분비하여 음식을 미즙이라고 불리는 걸쭉한 액체 상태로 분해한다. 하지만 위산은 강력하기 때문에 위는 스스로를 보호할 필요가 있다. 이를 위해 위 점막은 점액층과 중탄산 이온을 분비하여 위산을 국소적으로 중화시킨다.

간

우리 몸에서 가장 큰 내부 장기인 간은 다양한 역할을 수행한다. 간은 지방 소화를 돕는 초록빛의 묽은 액체인 쓸개즙을 만들어 내며, 혈액 응고에 필요한 단백질도 생산한다. 또한 간은 비타민, 미네랄, 글리코겐(에너지)을 저장하며, 알코올이나 일부 약물처럼 몸에 해로운 독소를 해독하는 데도 중요한 역할을 한다.

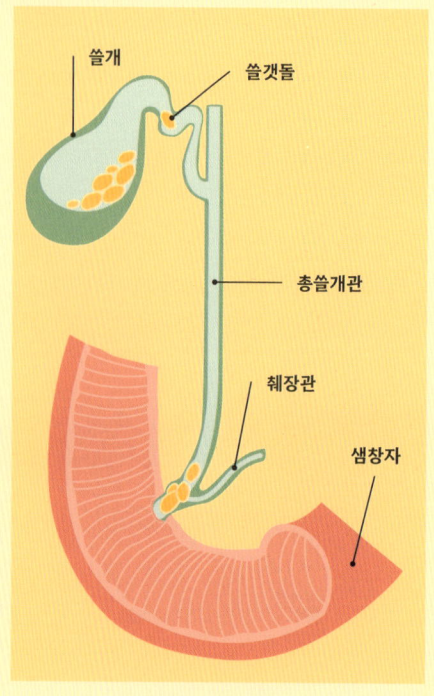
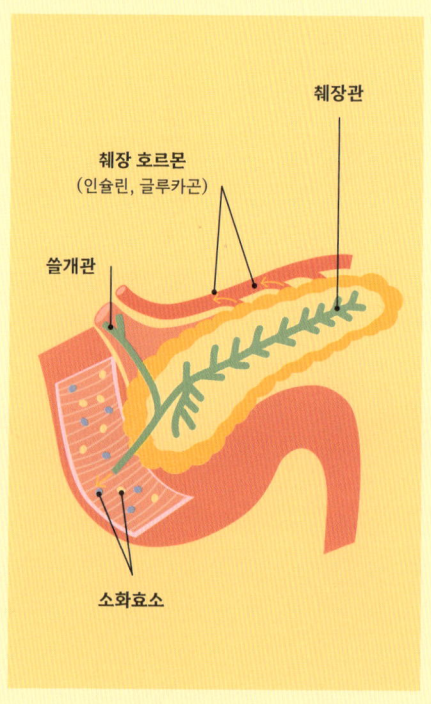

쓸개

간에서 생성된 대부분의 쓸개즙은 쓸개에 저장되고, 나머지는 소장으로 직접 이동한다. 소화 호르몬은 쓸개를 수축시켜 쓸개즙을 샘창자로 밀어내는데, 이는 지방을 분해하는 데 중요한 역할을 한다. 하지만 간혹 작은 결석(쓸갯돌)이 생겨 쓸개즙의 흐름을 막는 경우가 있다. 이렇게 되면 건강에 여러 가지 영향을 미칠 수 있다(151쪽 참조).

췌장

췌장은 소화 과정에서 핵심적인 역할을 담당하며 두 가지 중요한 기능을 수행한다. 먼저 소화효소가 포함된 소화액을 생성해 소화기관에 분비한다. 이 소화액은 음식에 포함된 단백질, 탄수화물, 지방을 분해하는 데 도움을 준다. 또한 췌장은 인슐린과 글루카곤 같은 호르몬을 만들어 혈류로 보내 혈당 수치를 조절한다.

한 장기에서 또 다른 장기로

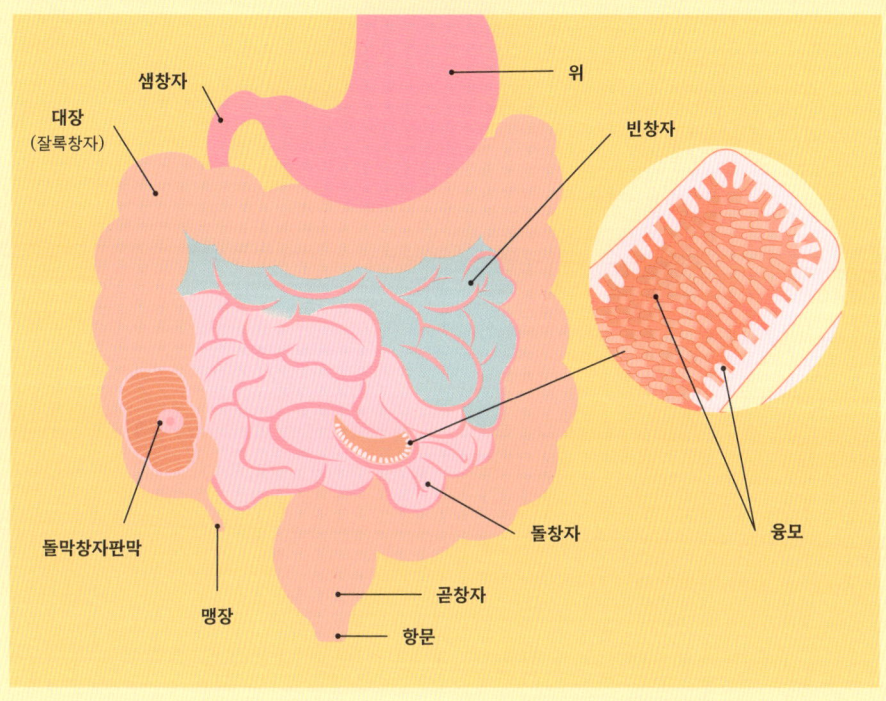

소장

소장은 샘창자(십이지장), 빈창자, 돌창자 세 부분으로 나뉜다. 소장 내부에는 손가락 모양의 융모가 자리 잡고 있는데, 이 융모는 미즙으로부터 영양분과 물을 흡수한다. 샘창자에서는 췌장에서 분비된 소화액과 간에서 생성된 쓸개즙이 섞여 지방을 분해한다. 빈창자는 비교적 두껍고 주름이 많아 표면적이 넓어지는데, 이를 통해 영양분 흡수가 더욱 효율적으로 이루어진다. 소장의 마지막 부분인 돌창자는 대장과 연결되며, 그 사이에 돌막창자판막이 있어 소화된 내용물이 대장으로 넘어가게 한다.

대장

대장은 소장보다 짧지만 지름이 더 넓으며 잘록창자라고도 불린다. 주된 역할은 물을 흡수하고 대변을 굳히는 것이다. 잘록창자는 면역 기능에 중요한 역할을 하며, 소화기관에서 가장 많은 장내 미생물이 서식하는 곳이다. 또한 잘록창자의 첫 부분에는 작은 주머니 같은 맹장이 달려 있다. 잘록창자의 마지막 부분은 곧창자로, 대변이 항문을 통해 배출되기 전까지 저장되는 곳이다.

현미경 아래

각 기관 안에는 다기능 세포들이 살아가는 미세한 세계가 존재한다.
이 세포들은 외부 침입자와 싸우고, 끈적한 분비물을 만들어 내며,
다른 세포들과 소통한다.

확대해서 들여다보기

소화기관의 모든 기관은 세포로 이루어져 있다. 이 세포들 중 일부는 기관의 구조를 형성하고, 또 다른 일부는 중요한 물질을 분비한다. 기관들과 세포들은 화학적 전달 물질을 통해 소통하며, 이는 몸의 특정 기능과 반응을 활성화한다. 사이토카인은 면역세포를 자극해 감염과 싸우게 한다. 호르몬은 혈액을 통해 기관으로 '행동 개시' 신호를 전달한다. 신경전달물질은 신경세포에서 방출되어 이웃한 신경세포를 활성화한다. 호르몬과 신경전달물질은 통증이나 배고픔을 알리고, 혈당을 조절하며, 치유를 촉진하거나 소화액 분비를 자극하는 등 중요한 기능을 지원한다.

면역체계

소화기관은 음식, 오염 물질, 독소와 같은 외부 환경뿐만 아니라, 장내 박테리아와 같은 내부 생태계와도 맞닿아 있는 곳이다. 소화기관은 물리적, 화학적 장벽을 통해 이러한 다양한 요소들로부터 몸을 보호한다. 소화기관 내벽에 있는 상피세포는 경비병처럼 작용하며, 이 세포들 사이의 밀착 연결부는 단단히 봉인하는 역할을 한다. 또한 소화기관 표면은 점액층으로 덮여 있어 외부 침입자들의 진입을 차단한다. 소화기관은 산성 환경을 유지하며, 이 환경에서 항균 단백질, 세정제(쓸개즙염), 효소가 해로운 박테리아를 제거한다. 만약 침입자가 이러한 보호 장벽을 뚫고 들어온다면 소화기관은 문제가 더 커지지 않도록 막기 위한 정교한 메커니즘을 가동한다. 소화기관의 내벽에는 가지세포가 자리 잡고 있어 지속해서 '해로운' 박테리아를 탐지한다. 동시에 포식세포와 같은 다른 면역세포들은 대기 상태로 침입자와 싸울 준비를 하고 있다.

소화기관의 일부에는 면역세포가 밀집된 부위가 있다. 예를 들어 소장의 빈창자와 돌창자에는 파이어판이라는 구조가 있어 박테리아를 포착하는 역할을 한다. 이곳의 면역세포인 T세포와 B세포는 사이토카인과 면역글로불린 A(IgA)를 분비한다. IgA는 침입자를 인식해 제거 대상으로 표시하는 항체이다.

사이토카인은 다른 면역세포들에게 침입자를 물리치라는 신호를 보낸다. 하지만 유전적으로 특정 소인이 있는 경우, 몸이 자신의 일부를 유해하다고 잘못 인식해 면역세포가 건강한 세포를 공격하도록 자극할 수 있다. 이러한 염증 반응이 장기간 활성화된 상태로 유지되면 장에 돌이킬 수 없는 손상을 입힐 수 있다. 이때 장내 미생물군은 면역체계가 '좋은' 박테리아와 '나쁜' 박테리아를 구별하는 데 도움을 주는 중요한 역할을 하기도 한다.

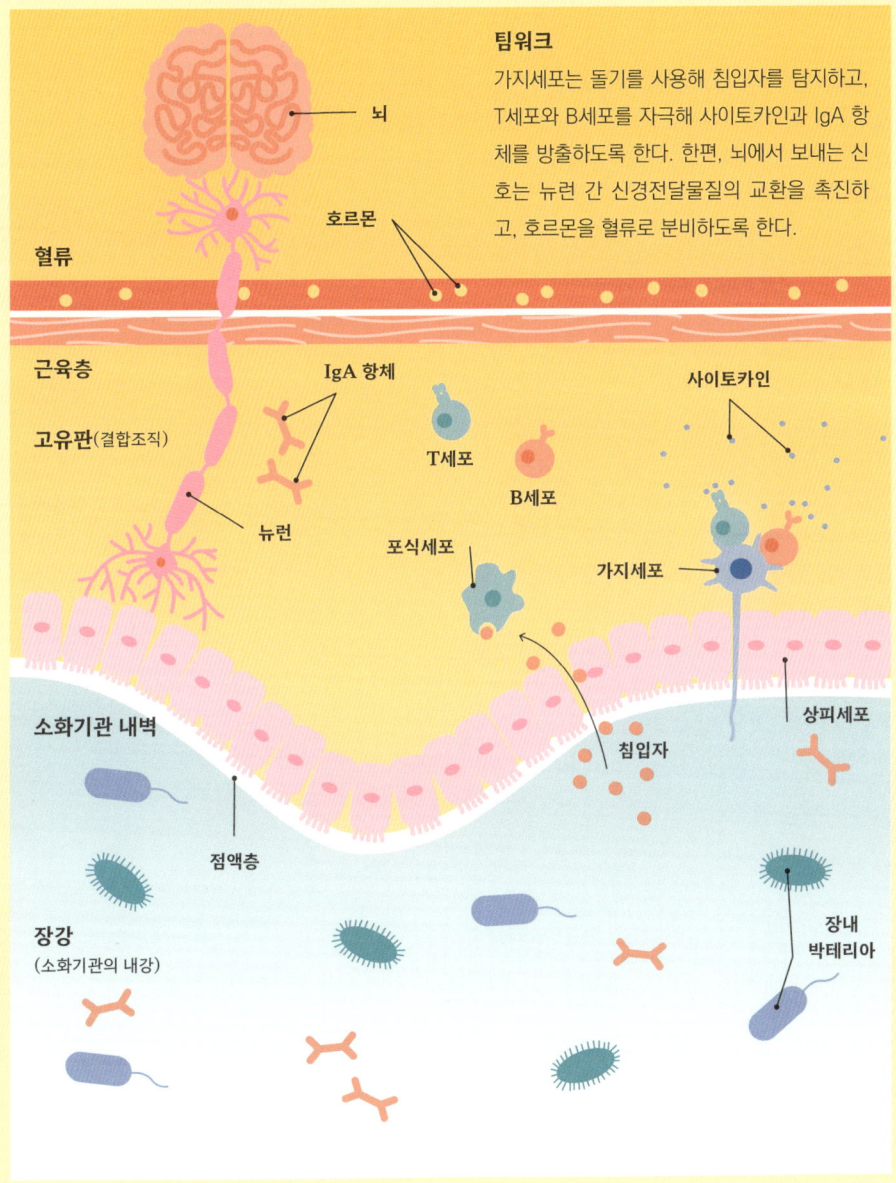

신경계

신경전달물질은 한 뉴런에서 다른 뉴런으로, 또는 목표 근육이나 분비샘의 세포로 신호를 전달하는 역할을 한다. 대표적인 신경전달물질로는 글루탐산, 도파민, 아드레날린, 세로토닌, 옥시토신, GABA, 히스타민, 아세틸콜린이 있다. 이들 신경전달물질은 장의 기능에서도 중요한 역할을 하며, 이를 통해 장신경계는 뇌와 독립적으로 작동할 수 있다. 또한 신호를 주고받으며 뇌와 긴밀히 소통한다(24쪽 참조). 이러한 신호는 심박수, 호흡, 기분, 수면, 근육 움직임을 비롯해 다양한 생리 기능을 조절하는 데 도움을 준다.

신호는 자물쇠와 열쇠의 원리로 작동한다. 각각의 신경전달물질은 특정 수용체와 결합하며, 이 결합이 일어나면 서로 다른 종류의 반응이 유도된다. 신경전달물질이 뉴런에 미치는 영향은 세 가지 방식으로 나뉜다. 흥분성 신경전달물질은 활동전위를 유도해 근육 수축과 같은 반응을 일으킨다. 억제성 신경전달물질은 신호 전달 속도를 늦춰 몸을 이완시키고 수면을 촉진한다. 조절성 신경전달물질은 다른 신경전달물질 간의 신호 전달 방식을 조정하는 역할을 한다.

내분비계

여러 기관이 모여 내분비계를 형성한다. 이 기관들은 샘(선)이라 불리며, 호르몬을 생성한다. 호르몬은 혈액을 통해 이동하며 가까운 곳뿐만 아니라 먼 기관의 기능을 조절하는 역할을 한다. 예를 들어 그렐린과 렙틴은 뇌에 배고픔과 포만감을 전달하는 신호를 보낸다. 반면, 가스트린 같은 호르몬은 음식이 들어오면 위산 분비를 촉진하도록 위에 명령한다.

세크레틴은 췌장에 신호를 보내 소화액을 분비하도록 유도하는 호르몬이다. 이 소화액은 음식이 소장으로 들어올 때 위산을 중화하고 소화를 돕는다. 콜레시스토키닌은 쓸개를 수축시켜 쓸개즙을 소장으로 배출하게 하는 호르몬으로, 지방 소화에 중요한 역할을 한다. 이 외에도 장의 운동 속도를 조절하거나, 혈당을 조절하거나, 장 내벽의 세포 재생을 돕는 다양한 호르몬이 존재한다.

뉴런 간 신호 전달

- 신경전달물질
- 시냅스 소포
- 신경전달물질 운반체
- 수용체

장내 미생물군

**우리는 좋은 균, 나쁜 균, 그리고 골칫덩이 균까지
다양한 미생물들과 공존하며 살아간다!**

박테리아와 공존한다는 생각이 다소 낯설게 느껴질 수도 있다. 하지만 우리는 태어나는 순간부터 박테리아와 접촉하며 살아간다. 매일 우리가 먹는 음식에도 박테리아가 포함되어 있고, 음식의 종류에 따라 서로 다른 박테리아가 존재한다. 이 중 일부는 '좋은' 박테리아로, 일부는 '나쁜' 박테리아로 분류된다. 물론, 질병을 일으키는 박테리아는 분명히 해로운 존재다. 하지만 대장균(*E. coli*) 같은 박테리아의 일부 균주는 장내에 자연적으로 존재하며, 적정 수준에서는 해를 끼치지 않는다. 결국 중요한 것은 균의 종류가 아니라 그 양이다. 일정 수준을 넘어서면 문제가 될 수 있다.

장내 미생물 지도

우리 장에는 100조 개가 넘는 미생물이 살고 있으며, 대부분은 대장에 자리 잡고 있다.

- 대장균
- 캄필로박터
- 엔테로코커스
- 파에칼리박테리움
- 락토바실러스
- 클로스트리디움
- 비피도박테리움

최근 몇 년 사이 우리 장에 살고 있는 수조 개의 미생물이 건강에 도움을 줄 수도, 해를 끼칠 수도 있다는 점에 관심이 커지고 있다. 장내 미생물은 박테리아뿐만 아니라 곰팡이와 바이러스 같은 다양한 생물로 이루어져 있으며, 이들 역시 중요한 역할을 할 가능성이 있다. 박테리아는 장내 미생물 중에서도 가장 활발하게 연구되는 부분이지만, 박테리아가 특정 질병을 예방하거나 유발하는 방식에 대한 이해는 아직도 불분명한 상태다. 과학자들은 종종 "상관관계가 항상 인과관계를 의미하는 것은 아니다"라는 말을 한다. 이는 특정 박테리아가 어떤 질병과 관련이 있다고 해서 반드시 그 박테리아가 질병을 직접 일으킨다는 의미는 아니라는 뜻이다. 설령 미세한 수준에서 설명 가능한 기전이 있다고 하더라도, 다른 요인들이 영향을 미칠 수도 있다.

우리 장의 각 구역은 고유한 환경을 가지고 있다. 이 환경은 소화액, pH(산도), 산소 농도 등의 영향을 받으며, 영양소의 흡수나 운반 같은 기능적 차이도 존재한다. 장내 박테리아의 밀도와 종류 또한 위치에 따라 다르다. 결국, 배출되는 대변의 일부는 이러한 박테리아의 집합체이며, 과학자들은 이를 장내 미생물군이라 부른다. 이 미생물군의 구성은 개인마다 다르게 나타난다.

장내 특정 부위에서 미생물 불균형이 발생하면 질병으로 이어질 가능성이 있다. 하나의 질환이 여러 종류의 박테리아와 관련될 수도 있다. 이러한 불균형은 염증과 같은 생리적 반응을 촉진할 수 있다. 염증은 원래 감염을 방어하는 기능을 하지만, 장기간 지속되거나 과도하게 발생하면 만성 염증으로 발전할 수 있다. 그 결과, 염증성 장 질환(IBD), 대사 질환(제2형 당뇨병, 대사기능 장애 관련 지방간 질환), 암 등 특정 질환의 발병 위험이 커질 수 있다.

박테리아가 음식(또는 약물)을 분해하면 대사 산물이 생성된다. 이러한 분자는 장 내벽과 다양한 방식으로 상호작용하며, 건강에 긍정적이거나 부정적인 영향을 줄 수 있다. 대표적인 대사 산물로 단쇄 지방산이 있다. 아세테이트, 부티레이트, 프로피오네이트 같은 단쇄 지방산은 장내에서 섬유질과 같은 복합 탄수화물이 대장까지 도달한 후 박테리아에 의해 분해되면서 생성된다. 이러한 단쇄 지방산은 장 내벽의 수용체(세포 내 결합 단백질)와 결합해 호르몬 및 면역 반응을 유도하며, 다양한 질병에 영향을 미칠 수 있다. 최근에는 이러한 대사 산물의 생성을 조절하는 방법을 활발히 연구하고 있다. 그렇다면 앞으로는 어떻게 될까? 많은 과학자는 장내 미생물군을 조절하여 질병 위험을 낮추고 건강한 삶을 유지하는 방법을 찾고 있다. 특히 프리바이오틱스와 프로바이오틱스를 우리가 먹는 음식에 추가하는 연구가 활발하다. 프리바이오틱스는 특정 박테리아의 성장을 돕는 식이섬유의 한 형태이며, 프로바이오틱스는 요거트 같

· 미생물군 VS 미생물군유전체 ·

'미생물군'과 '미생물군유전체'라는 용어는 종종 같은 의미로 사용되지만, 실제로는 차이가 있다. 미생물군은 장내에 서식하는 박테리아, 바이러스, 곰팡이 등의 미생물을 의미한다. 반면, 미생물군유전체는 이러한 미생물뿐만 아니라 그들이 지닌 유전 정보까지 포함하는 개념이다.

은 식품이나 보충제에 포함된 특정 유익균을 뜻한다.

일부 약물은 장내 미생물군의 구성을 변화시키는 역할을 한다. 특히 항생제는 특정 박테리아를 제거하면서 유익한 균까지 함께 파괴할 수 있다. 이 때문에 감기처럼 자연적으로 회복되는 질환에는 항생제를 사용해서는 안 되며, 심각한 감염 치료에만 신중하게 사용해야 한다. 장내 박테리아 균형을 우리에게 유리하게 조절하는 방법에 대해서는 명확히 밝혀진 바가 아직 많지 않다. 하지만 많은 소화기내과 전문의들은 한 가지 유형의 박테리아가 지나치게 우세해지지 않도록 다양한 음식을 섭취하는 것이 중요하다고 말한다. 또한 개인의 전체 미생물군을 다른 사람에게 이식하는 분변 미생물 이식 같은 확립된 치료법도 존재한다.

일부 설사성 질환, 특히 클로스트리디오이데스 디피실리균 감염은 재발 가능성이 크다. 하지만 건강한 기증자의 대변을 이식하면 이러한 재발을 막을 수 있다. 이식은 경구 캡슐을 삼키거나 곧창자 내 투여를 통해 이루어진다. 현재 비만과 자가면역질환을 포함한 다양한 질환에서 이 치료법이 어떻게 도움이 될 수 있는지에 대한 연구가 진행 중이다.

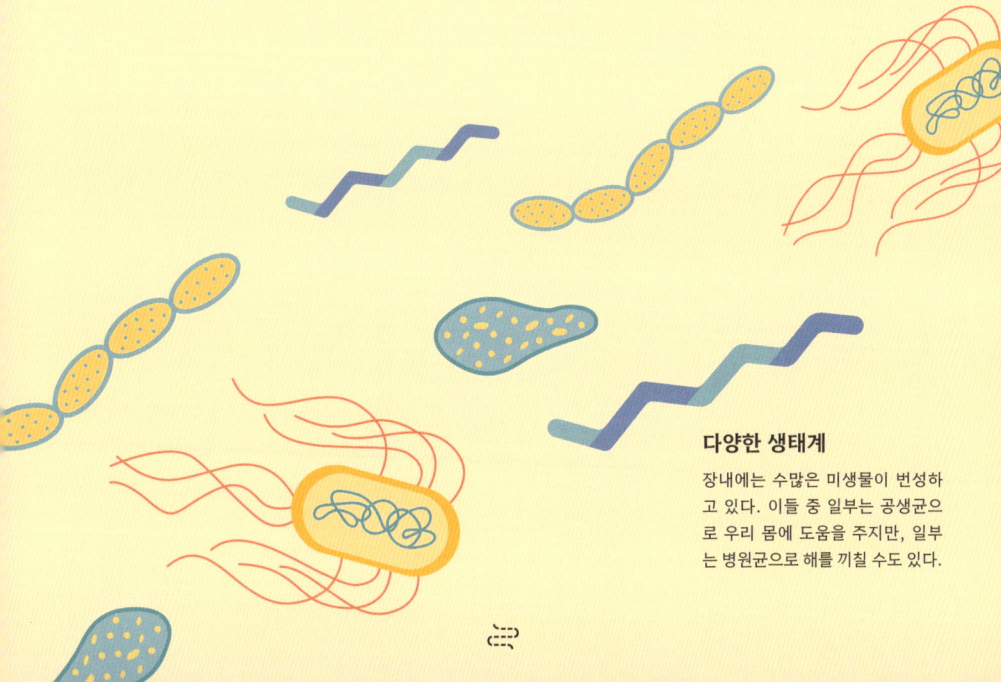

다양한 생태계

장내에는 수많은 미생물이 번성하고 있다. 이들 중 일부는 공생균으로 우리 몸에 도움을 주지만, 일부는 병원균으로 해를 끼칠 수도 있다.

쌍방향 소통

당신이 들을 수는 없지만, 장은 끊임없이 다른 장기들과 대화를 나누며 신호를 주고받는다. 필요한 행동을 유도하는 메시지를 보내고, 반대로 신호를 받기도 한다.

장은 독립적으로 작동하는 것이 아니라 몸의 다른 부분들과 긴밀하게 연결되어 있다. 장은 여러 장기와 소통하는 것으로 알려져 있으며, 그 중심에는 장내 미생물군이 중요한 역할을 하는 것으로 여겨진다.

장-뇌 축

장-뇌 축은 장과 중추신경계 사이의 신호 전달을 의미한다. 여기서는 단방향이 아닌 양방향 소통이 이루어진다. 이러한 상호작용이 가능한 이유 중 하나는 장이 독자적인 신경계를 가지고 있기 때문이다. 흔히 '제2의 뇌'라고 불리는 장신경계는 척수와 뇌로 연결된 신경망을 포함하고 있다. 기본적으로 장은 이 신경계를 통해 스스로 움직일 수 있지만, 동시에 뇌에서 오는 외부 신호나 장내 미생물의 영향을 받기도 한다.

뇌의 감정 상태가 장에 영향을 미칠 수 있는 것처럼, 장 역시 뇌로 신호를 보낼 수 있다. 장-뇌 축을 논할 때 많은 경우는 미생물-장-뇌 축을 의미한다. 장내 미생물이 보내는 신호 중 일부는 장에서 국소적으로 작용하지만 일부는 미주신경과 척수를 통해 뇌로 전달되며, 특정 신경학적 혹은 심리적 상태와 연관될 수 있다. 음식이 소화되는 과정에서 장내 박테리아는 특정 대사 산물을 생성하며, 이는 면역 반응, 호르몬 작용, 신경 반응을 유발할 수 있다. 또한 특정 음식에 반응하여 장내 미생물군이 장 투과성을 변화시킬 수도 있다. 이로 인해 원치 않는 물질이 혈류로 유입되어 신경계에 영향을 미칠 가능성이 있다. 이러한 침입자로 인해 발생하는 저등급 염증이 특정 신경 질환과 관련이 있을 가능성이 제기되고 있지만, 아직 명확히 밝혀진 바는 없다. 현재까지 파킨슨병, 알츠하이머병과 같은 신경 질환이나 우울증과 같은 정신 질환이 장내 미생물과 얼마나 관련이 있는지는 불확실하다. 특정 질환을 지닌 사람들의 장내 미생물 구성이 다를 수는 있지만, 장내 박테리아가 직접적인 원인이라고 단정할 수는 없다는 것이다.

장-뇌 축과 관련해 가장 많이 언급되는 질환은 과민대장증후군(IBS)이다. 과민대장증후군은 반복적인 복통과 배변 습관의 변화를 특징으로 한다. 불안이나 우울증 같은 정신적 요인은 과민대장증후군의 발병 위험을 높일 수 있으며, 반대로 과민대장증후군 환자는 불안과 우울증에 걸릴 가능성이 더 높다. 뇌에서 장으로의 영향에 초점을 맞춰 보면, 뇌가 장의 운동과 감각에 영향을 미친다는 증거가 있다.

그러나 장과 뇌의 관계는 연구하기도, 명확히 정의하기도 어렵다. 이는 다양한 장 질환, 개별적으로 다른 장내 미생물군, 환경과 식습관의 차이 등 여러 요인이 복합적으로 작용하기 때문이다. 장 질환은 형태가 다양하게 나타나며, 과민대장증후군만 해도 여러 아형(하위 유형)이 존재한다. 같은 질환을 지닌 두 사람이라도 장내 미생물 조성이 크게 다를 수 있으며, 이는 생활 환경과 섭취하는 음식에 영향을 받는다. 마찬가지로 뇌의 활동도 일정하지 않다. 수면, 스트레스, 기타 요인에 따라 뇌 기능이 달라질 수 있다.

장-뇌 축 전체를 직접적으로 조절할 방법이 없기 때문에, 과민대장증후군 같은 질환의 치료법은 제한적이다. 일부 치료는 뇌를 대상으로 증상을 완화하는 데 초점을 맞추고, 일부는 장 기능을 개선하는 데 집중한다. 과민대장증후군의 증상 중 하나인 가스 증가와 복부 팽만감을 줄이는 데 가장 널리 추천되는 치료법 중 하나는 '저포드맵' 식단이다. 이 식단은 특정 과일과 채소(예: 사과, 양파)에 포함된 발효성 올리고당, 이당류, 단당류, 폴리올이라는 탄수화물군을 배제하는 방식을 뜻한다. 그러나 이 식단이 장내 미생물군에 미치는 영향과 시간이 지남에 따라 어떤 변화가 일어나는지는 아직 명확히 밝혀지지 않았다. 마찬가지로, 변비형 과민대장증후군 치료를 위해 처방되는 약물 등은 장 기능을 조절함으로써 증상을 완화하는 데 도움을 줄 수 있다. 하지만 이러한 약물이 장내 미생물군을 변화시키거나, 이 질환과 관련된 행동적 요인을 직접적으로 조절하는 역할을 하지는 않는다.

신체 내부의 대화

장은 뇌와 양방향으로 소통하며 정보를 주고받는다. 이 과정에서 호르몬은 혈류를 통해 이동하고, 신경전달물질은 신경계를 따라 전달된다. 특히 미주신경은 뇌와 장을 연결하는 주요 신호 전달 경로로 작용한다.

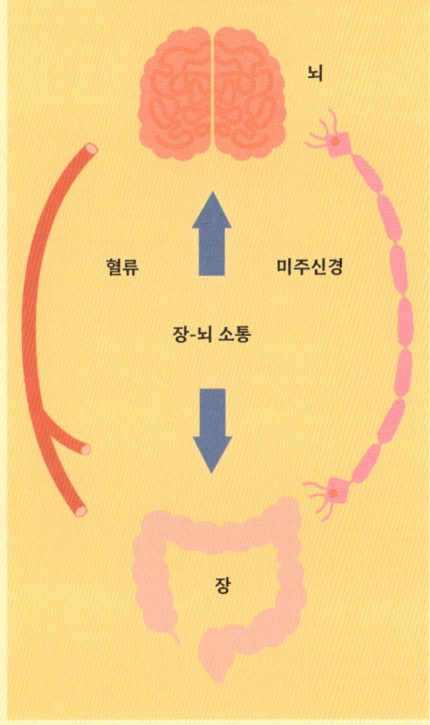

장-내분비 축

샘(선)은 다양한 호르몬을 생성하며, 이 중 일부는 식욕 조절에 중요한 역할을 한다. 이는 장이 내분비계와 상호작용하는 주요 방식 중 하나이다. 장 호르몬인 그렐린과 렙틴은 배고픔과 포만감을 뇌에 전달하는 신호를 보낸다. 하지만 이 신호가 제대로 작동하지 않으면 비만이나 대사 질환과 같은 문제가 발생할 수 있다.

비만 수술(체중 감량 수술)의 발전으로, 연구자들은 배고픔과 포만감 신호에 대해 더 깊이 이해하게 되었다. 특히, 장의 특정 부위를 절제한 후 체중을 감량한 환자들의 반응을 분석하면서 이러한 신호가 어떻게 작동하는지 연구하고 있다. 예를 들어 식욕을 억제하고 포만감을 느끼게 하는 장 호르몬 중 하나로 글루카곤 유사 펩타이드-1(GLP-1)이 있다. 최근 들어 GLP-1 호르몬은 당뇨병 및 체중 감량 치료제(GLP-1 작용제)의 주요 연구 대상으로 떠오르고 있다. 현재 세마글루타이드와 같은 여러 약물이 영국 의약품규제청(MHRA)의 승인을 받아 병적 비만 환자의 체중 감량 치료에 새로운 변화를 불러오고 있다.

일부 연구자들은 장내 미생물군이 다양한 장 호르몬을 생성한다는 점에서 몸에서 가장 큰 내분비 기관일 가능성이 있다고 본다. 장내 미생물이 이러한 호르몬과 어떻게 상호작용하는지는 여전히 활발한 연구가 진행 중이다. 특히 장내 박테리아를 활성화하여 체중 감량을 촉진할 가능성에 대해 많은 관심이 쏠리고 있다. 하지만 현재까지 장-내분비-미생물군 축을 효과적이고 안정적으로 조절할 수 있는 프리바이오틱스, 프로바이오틱스, 보충제 또는 기타 치료법은 발견되지 않았다.

장-내분비 축은 식욕 조절뿐만 아니라 어떤 음식이 섭취되었는지 파악하고, 탄수화물, 단백질, 지방을 소화하기 위해 이에 맞는 소화효소를 분비하는 기능도 담당한다. 호르몬은 주요 영양소 소화를 위해 특정 호르몬이 쓸개에서 쓸개즙을 분비하는 것과 같이 소화액 분비를 촉진하는 역할을 한다.

일부 연구자들은 장내 미생물군이 몸에서 가장 큰 내분비 기관일 가능성이 있다고 본다.

장-피부 축

장은 피부와 여러 공통점을 가지고 있다. 두 기관 모두 박테리아가 풍부하며, 외부 환경으로부터 몸을 보호하는 첫 번째 방어선 역할을 한다. 또한 일부 방어 기전을 공유하기도 한다. 장과 피부는 모두 외부 병원균을 차단하는 장벽의 역할도 한다. 장-피부 축을 논할 때, 과학자들은 장내 미생물군과 피부 간의 상호작용을 언급하는 경우가 많다.

장-피부 축을 이해하는 한 가지 방법은 장 건강과 관련된 다양한 피부 변화를 살펴보는 것이다. 예를 들어 레저-트렐라 증후군은 복부에 암이 있을 가능성을 시사하는 색소성 피부 병변으로 알려져 있다. 또 다른 예로 황달이 있는데, 이는 쓸개즙이 축적되면서 피부가 노랗게 변하는 현상이다. 한 가지 장 질환이 여러 가지 서로 다른 피부 변화를 유발할 수도 있으며, 이러한 증상이 반드시 특정 질환에만 국한되지 않는 경우도 많다. 예를 들어 간경화에서는 손바닥 홍반(손바닥이 붉어지는 현상)과 테리 손톱(손톱 바닥이 변색되는 현상)이 나타날 수 있다. 하지만 이 두 가지 증상은 간경화에만 국한된 것은 아니다.

음식과 피부의 관계도 중요한 연구 주제 중 하나다. 일부 사례는 그 연관성이 비교적 명확하게 밝혀져 있다. 예를 들어 셀리악병 환자의 약 10%는 헤르페스양 피부염을 겪을 수 있다. 가려움증과 수포가 발생하는 피부 질환이다. 다행히도 글루텐 프리 식단을 따르면 몇 주 안에 증상이 사라지는 경우가 많다 (글루텐은 셀리악병 환자의 면역체계가 장 내벽을 손상시키는 원인이 되는 단백질이다). 장내 미생물군과 여드름의 관계는 아직 명확히 밝혀지지 않았다. 여드름은 다양한 원인과 유발 요인이 존재하며, 여드름이 있는 사람과 없는 사람의 장내 미생물군을 비교했을 때 차이가 있다는 연구 결과도 있다. 그러나 장이 여드름에 영향을 미치는 정확한 기전은 여전히 불분명하며, 여드름 치료를 위한 일괄적인 식단도 확립되지 않았다.

소화기 의학의 역사

소화기 건강에 대한 이해는 놀라울 정도로 발전해 왔다.
과거에는 칼을 삼키는 곡예사를 대상으로 초기 수술 기기를 테스트했던 반면,
오늘날에는 로봇 팔과 정교한 도구를 활용한 첨단 수술이 이루어지고 있다.

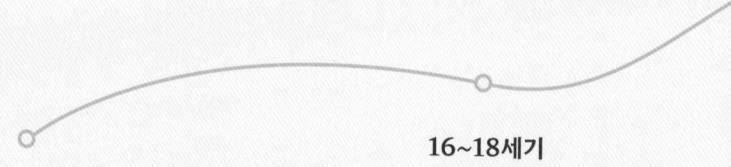

고대 그리스

소화기 건강에 대한 가장 오래된 기록 중 하나는 고대 그리스의 의사 히포크라테스(기원전 460~377)가 남긴 말에서 찾아볼 수 있다. 그는 "모든 질병은 장에서 시작된다"라고 주장했다. 이 이론이 완전히 정확하다고 보기는 어렵지만, 당시로서는 상당히 통찰력 있는 관점이었다. 또한 히포크라테스는 소화 작용을 펩시스(pepsis)라고 명명하며, 소화 건강을 지칭하는 최초의 용어 중 하나를 만들어 냈다. 이 단어는 오늘날 소화불량(dyspepsia)과 같은 위장 관련 의학 용어에서도 사용된 것을 찾아볼 수 있다. 수 세기 후, 또 다른 그리스 의사 갈레노스(130~200)는 위가 음식물을 잘게 부수고, 장이 이를 분해하며, 혈관이 영양소를 간으로 운반한다는 이론을 제시했다. 그의 이론은 17세기까지 오랫동안 의학계에서 받아들여졌다.

16~18세기

벨기에 출신 해부학자이자 의사였던 안드레아스 베살리우스(1514~1564)는 인체 해부를 통해 소화기관의 구조를 정확하게 기록했다. 그로부터 한 세기 후, 네덜란드 의사 프란시스쿠스 실비우스(1614~1672)는 침 분비의 역할과 소화 과정에서 위산과 알칼리성 쓸개즙이 소장에서 작용하는 화학적 원리를 최초로 밝혀냈다. 장내 미생물에 대한 최초의 언급은 1683년으로 거슬러 올라간다. 네덜란드 미생물학자이자 현미경의 대가였던 안톤 판 레이우엔훅은 구강과 대변에서 발견되는 박테리아가 서로 다르다는 사실을 기록했다.

18~19세기

소화기 질환을 치료하는 최초의 수술적 시도는 18~19세기에 진행된 것으로 기록되어 있다. 1735년, 프랑스 외과의사 클로디우스 아미앙(1660~1740)은 염증으로 인해 터진 충수(맹장 천공)를 절제했으며, 이는 역사상 최초로 기록된 충수 절제술이었다. 1868년, 독일 외과의사 아돌프 쿠스마울(1822~1902)은 최초의 위내시경을 개발했다. 그는 길이 47cm의 딱딱한 금속관과 거울을 사용하고, 가스등으로 조명을 비추는 방식으로 상부 소화기관을 검사하고자 했다. 이 장비를 활용해 의사들이 모인 자리에서 칼을 삼키는 곡예사들의 식도와 위를 관찰하려 시도했다[이후 1932년, 독일의 소화기내과 의사 루돌프 쉰들러(1888~1968)가 내시경에 유연성을 더하는 기술을 도입하면서 현대적인 내시경의 기초를 닦았다. 그는 오늘날 "위내시경의 아버지"로 불린다].

20세기 초반

20세기 초반, 소화 화학에 대한 이해가 급속도로 발전했다. 1902년, 영국 생리학자 윌리엄 베일리스와 어니스트 스타링은 세크레틴이라는 장 호르몬을 최초로 발견했다. 이 호르몬은 간과 췌장을 자극하여 소화를 돕는 역할을 한다. 또한 러시아 생리학자 이반 파블로프(파블로프의 개 실험으로 유명한 학자)는 뇌와 장의 상호작용을 처음으로 설명한 공로로 1904년 노벨 생리의학상을 수상했다. 그는 미주신경을 통해 전달된 신호가 위액 분비를 촉진한다는 사실을 발견했다. 1년 후, 영국 생리학자 존 에드킨스(1863~1940)는 가스트린이라는 장 호르몬을 발견했다. 이 호르몬은 위에서 산 분비를 촉진하는 역할을 한다. 1916년에는 폴란드 의사 레온 포피엘스키(1866~1920)가 히스타민이 위산 분비를 자극하는 원리를 밝혀냈다. 이후 1988년, 영국 의사이자 약리학자였던 제임스 블랙(1924~2010)은 위산 생성을 조절하는 최초의 히스타민 수용체 차단제를 개발한 공로로 노벨 생리의학상을 수상했다.

췌장에서 생성되는 혈당 조절 호르몬인 인슐린은 1921년, 캐나다 외과의사 프레더릭 밴팅(1891~1941)과 스코틀랜드 태생 과학자 존 맥클라우드(1876~1935)에 의해 최초로 발견되었다. 1923년, 두 사람은 이 공로로 노벨상을 수상했으며, 같은 달 대량 생산된 인슐린의 첫 배포가 이루어졌다.

1928년, 세균학자 알렉산더 플레밍(1881~1955)이 페니실린을 발견하는 등 다른 과학 분야에서도 획기적인 연구 성과가 나왔다. 이러한 발견들은 소화기 질환에 대한 이해를 크게 바꾸는 계기가 되었다.

20세기 중반

20세기 중반, 소화기 질환 치료를 위한 외과적 시술이 크게 발전했다. 1935년, 미국 외과의사 앨런 휘플(1881~1963)은 논문을 통해 휘플 수술을 처음으로 설명했다. 이 수술은 현재 췌장암 치료에 주로 사용되는 절제술로 자리 잡았다. "현대 장기 이식의 아버지"로 불리는 미국 외과의사 토마스 스타즐(1926~2017)은 1963년 세계 최초의 간 이식 수술을 성공적으로 수행했다. 이 시기에는 내시경 기술도 급격히 발전했다. 남아프리카공화국의 소화기내과 의사 바질 허시위츠(1925~2013)는 완전하게 휘어지는 광섬유 내시경을 개발했으며, 1969년에는 잘록창자를 끝까지 검사할 수 있을 만큼 긴 광섬유 대장내시경이 완성되었다.

20세기 후반

20세기 후반, 외과적 시술의 안전성을 높이기 위한 기술이 급속도로 발전했다. 1992년 C형 간염 바이러스가 발견되기 전까지, 수술을 받는 환자들은 이 바이러스에 대한 선별 검사를 거치지 않은 혈액을 수혈받았다. 이후 20년이 지나 직접 작용 항바이러스제가 도입되면서 C형 간염 치료 성공률은 거의 100%에 가까워졌다. 외과적 시술도 점점 덜 침습적인 방식으로 발전했다. 1986년, 최초의 복강경 쓸개 절제술(쓸개 제거술)이 시행되었으며 이후 복강경 수술의 대표적인 시술로 자리 잡았다. 1999년, 이른바 '키홀(keyhole)' 수술법이 최초의 복강경 위소매 절제술에 적용되었다. 이 수술은 현재 가장 많이 시행되는 비만 치료 수술로 자리 잡았다.

1985년, 미국 대통령 로널드 레이건은 대장내시경 검사를 받았고, 이 과정에서 종양이 발견되었다. 이후 그는 대장의 일부를 절제하는 수술을 받았다. 1990년대 중반, 최초의 대장암 검진 권고안이 마련되었으며, 같은 시기에 덜 침습적인 치료법도 등장했다. 1990년대에는 초기 종양을 내시경을 이용해 제거하는 방법이 개발되었으며, 이를 통해 장 전체를 절제하는 수술을 피할 수 있는 길이 열렸다.

21세기 초반

2005년, 호주 의사 배리 마셜(1951~)과 로빈 워런(1937~)은 1979년 헬리코박터 파일로리를 발견한 공로로 노벨상을 수상했다. 이 박테리아는 위염, 위궤양, 위암과 연관이 있는 것으로 밝혀졌다.

2000년 3월, 미국 언론인 케이티 쿠릭은 대장암으로 남편을 42세에 떠나보낸 후 대장암 인식 개선과 소화기 건강에 대한 관심을 높이기 위해 텔레비전 생방송으로 대장내시경 검사를 받았다. 2000년대 초반에는 캡슐 내시경이 도입되면서 소장과 대장을 보다 정밀하게 검사할 수 있는 기술이 개발되었다. 이를 통해 기존의 시술 없이도 장 내부를 촬영하고 진단할 수 있는 길이 열렸다. 이 기술은 이후 COVID-19 팬데믹 기간 동안 영국에서 대장암 검진에 활용되었다.

2008년, 재발성 클로스트리디오이데스 디피실리 감염 치료를 위해 최초로 분변 미생물 이식이 사용되었다. 이는 특정 장 질환을 치료하기 위해 고대의 치료법을 현대적으로 재도입한 사례로 평가된다. 2021년, 대장내시경 검사 중 용종을 식별하는 인공지능(AI) 기반 의료기기가 미국 식품의약국(FDA)의 승인을 받았다. 이 기술은 소화기내과에서 새로운 시대를 여는 획기적인 발전으로 주목받았다. 같은 해, 미국에서는 평균 위험군을 대상으로 한 대장암 검진 권장 연령이 기존 50세에서 45세로 낮아졌다. 현재 영국에서는 60~74세 사이의 연령층을 대상으로 대장암 검진을 실시하고 있지만, 검진 연령을 더 앞당기려는 움직임이 있다.

Chapter 2

소화와 영양

소화는 어떻게 이루어질까?

**소화는 음식이 입에서 시작해 항문에 이를 때까지
기계적·화학적으로 분해되는 과정이다.**

소화의 목표는 우리가 섭취한 음식을 분해해 몸이 영양소를 흡수할 수 있도록 돕는 것이다. 이를 통해 에너지를 공급하고, 생존과 건강한 삶을 유지하는 데 필요한 다양한 이점을 얻는다. 소화가 사실상 뇌에서 시작된다고 주장하는 사람도 있다. 음식을 보면 혹은 냄새를 맡으면, 뇌가 침샘에 신호를 보내 침을 분비하게 한다. 음식이 입에 들어오면 씹는 과정에서 음식이 기계적으로 잘게 부서지고, 그 덕분에 효소와 소화액이 음식물을 화학적으로 분해할 수 있다. 침샘에서 분비되는 주요 효소 중 하나가 아밀레이스인데, 이는 복합 전분과 같은 탄수화물을 단순한 당으로 분해하는 역할을 한다.

음식을 씹은 후에는, 음식 덩어리(부분적으로 소화된 음식 덩어리)가 혀의 움직임에 따라 목구멍(인두) 쪽으로 밀려 들어간다. 음식물을 삼킬 때, 후두덮개(기관을 덮는 작은 조직 덩어리)가 기관지를 닫아 음식이 폐로 들어가지 않고 식도로 향하도록 안내한다. 그다음 식도 근육이 연동운동이라는 파동 같은 수축 작용을 통해 음식 덩어리를 아래로 밀어내어 위로 보내게 된다. 위에 도착한 음식은 강하게 뒤섞이며 위액과 섞여 '미즙'이라는 반액체 상태로 변한다.

위에서는 화학적 소화도 함께 이루어진다. 위벽에서 염산을 분비해 강한 산성 환경을 만들고, 이를 통해 단백질의 구조를 풀어 소화가 쉽게 일어나도록 돕는다. 또한 펩신과 같은 효소가 단백질을 더욱 작은 단위인 아미노산으로 분해한다.

미즙은 이후 소장으로 이동하며, 여기서 대부분의 소화와 영양 흡수가 이루어진다. 식도에서처럼 연동운동이 일어나 일부 소화된 음식물을 계속해서 장으로 밀어낸다. 소장은 영양소를 최대한 흡수할 수 있도록 표면적을 넓히는 구조로 되어 있다. 소장 벽에는 손가락 모양의 융모가 있고, 각 융모에는 미세융모가 촘촘하게 자리 잡고 있어 흡수 면적을 극대화한다. 소장에서는 음식물이 쓸개즙과 췌액 같은 소화액과 섞이는데, 이들 소화액은 소장의 첫 부분인 샘창자로 배출되어 음식물의 분해를 돕는다.

간에서 만들어진 쓸개즙은 중성지방을 작은 방울로 분해해 다른 효소들이 지방을 더 쉽게 처리할 수 있도록 돕는다. 췌장에서 분비되는 지질분해효소는 지방을 지방산과 글리세롤로 분해한다. 췌액에는 지질분해효소뿐만 아니라 단백질을 분해하는 트립신과 아밀레이스도 포함되어 있다.

소장에서 이동한 미즙은 대장(잘록창자)으로 들어가며, 여기서 주된 역할은 수분과 미네랄을 흡수하는 것이다. 이 과정에서 변이 점점 더 단단해지기 시작한다. 잘록창자는 또한 장내 미생물(대부분 세균)이 가장 많이 서식하는 곳이다. 이 미생물들은 소화되지 않은 음식물을 발효시키며 가스를 생성한다. 이렇게 남은 소화되지 않은 찌꺼기와 세균은 잘록창자의 마지막 구간인 곧창자에 모인다. 곧창자가 차오르면 장벽이 늘어나면서 배변 욕구가 생긴다.

다른 방식의 영양 공급과 배변

소화 기능이 제대로 작동하지 않으면, 손상된 소화기관 부위를 우회해 영양을 공급하는 다른 방법이 필요하다. 의식이 없거나 씹을 수 없는 환자의 경우, 위까지 직접 영양을 전달하기 위해 위에 삽입하는 튜브를 사용할 수 있다. 좀 더 장기적인 해결책이 필요하거나 식도를 막는 종양이 있는 환자의 경우, 피부를 통해 위로 직접 삽입하는 위루관(PEG, 경피 내시경하 위루술)을 사용해 음식물을 공급하기도 한다. 위의 소화 또는 배출 기능이 저하된 경우(128쪽 위마비 또는 폐색성 종양이 있는 경우), 더 아래쪽으로 튜브를 삽입해야 할 수도 있다. 이때는 공장루관(PEJ, 경피 내시경하 공장루술)을 통해 공장(빈창자, 소장의 일부)으로 직접 영양을 공급한다.

환자가 소화기관을 통한 영양 공급을 전혀 받을 수 없는 경우, 정맥을 통해 영양을 공급하는 정맥영양법이 필요할 수도 있다.

또한 궤양성 대장염과 같은 질환으로 인해 장의 일부를 절제해야 하는 경우, 일시적 또는 영구적으로 장의 배출구를 피부를 통해 개설하는 수술을 하기도 한다. 이런 장루 수술을 통해 소장이나 대장에서 나오는 찌꺼기가 몸 밖으로 배출될 수 있다.

해부학적 구조를 바꾸는 일부 수술은 영양 섭취와 소화 과정에 영향을 줄 수 있다. 체중 감량을 위한 위우회술을 받은 환자의 경우, 이런 변화가 의도된 것이기도 하다. 하지만 장의 일부 구간을 우회하면서 영양소 흡수가 줄어드는 문제가 발생할 수도 있다.

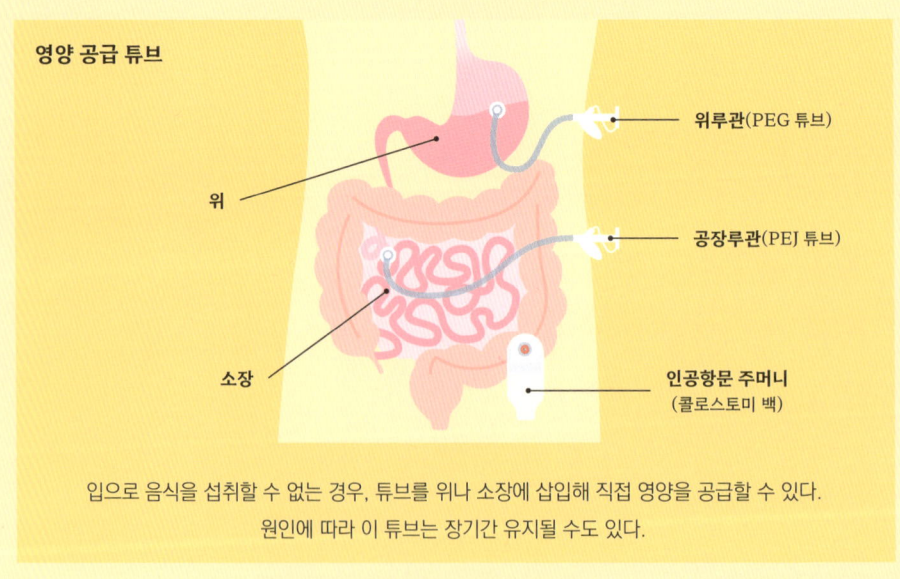

영양 공급 튜브

입으로 음식을 섭취할 수 없는 경우, 튜브를 위나 소장에 삽입해 직접 영양을 공급할 수 있다. 원인에 따라 이 튜브는 장기간 유지될 수도 있다.

이물질 삼킴

매년 수만 건의 이물질 삼킴 사례가
병원 방문으로 이어진다.

어떤 사람들은 실수로 물건을 삼키지만, 일부는 정신질환으로 인해 고의로 삼키는 경우도 있다. 이물질은 크기에 따라 식도에 걸리기도 하고, 더 아래쪽 장에서 막히기도 한다. 이물질이 오래 걸려 있을수록 궤양이나 장벽 천공의 위험이 커지며, 심할 경우 생명을 위협할 수도 있다. 반면, 크기가 작은 물건은 장을 무사히 통과해 결국 화장실에서 배출된다.

성인에게서 흔하게 나타나는 이물질 삼킴 사례	어린이에게서 흔하게 나타나는 이물질 삼킴 사례
• 생선 가시, 닭 뼈 • 의치(틀니) • 식기류 • 칫솔 • 불법 약물 • 마약 운반용 패킷	• 동전 • 플라스틱 장난감 • 구슬 • 크레용 • 못, 핀 • 단추형 배터리 • 자석 • 부식성 물질

어떻게 해야 할까?

이물질을 삼켰을 때 대부분의 물질은 장을 통과해 자연스럽게 배출되지만, 10~20%는 의료적 처치가 필요하다. 일반적으로 동전보다 작은 둥근 물체는 괄약근에 걸리지 않고 안전하게 장을 지나갈 수 있다. 하지만 예외가 있다. 단추형 건전지는 장벽을 태울 수 있고, 자석은 장의 여러 고리가 서로 붙어 장폐색을 유발할 수 있다. 길거나 날카로운 물체는 장의 굴곡을 통과하지 못할 가능성이 높아, 내시경 기구를 이용해 제거해야 할 수도 있다. 심한 경우 내시경으로 해결되지 않으면 수술이 필요할 수도 있다.

일반적으로 마약 밀수업자가 장에 넣은 마약 운반용 패킷은 내시경으로 제거하려다 파손될 경우 약물이 새어 나와 과다 복용 위험이 있기 때문에 반드시 수술로 제거해야 한다. 부식성 물질에는 알칼리성이나 산성이 강한 성분이 포함되며, 주로 가정용 세정제에서 발견된다. 이런 물질은 장벽을 손상시키고 녹여 버릴 수도 있어 매우 위험하다. 식도나 위에 구멍이 생길 정도로 심한 손상이 발생하면 손상된 부위를 절제하는 수술이 필요할 수도 있다. 벽이 이미 손상된 상태에서 억지로 구토를 유도하면 천공 위험이 더 커질 수 있으므로 구토를 유도하는 것은 좋지 않은 방법이다. 장기적으로는 흉터가 생기면서 협착(좁아짐) 문제가 발생할 수 있으며, 이는 몇 주에서 몇 년에 걸쳐 진행될 수도 있다. 또한 암 발생 위험이 커질 가능성도 있다.

· 질식과 식도 내 음식 막힘의 차이 ·

질식은 기도가 막혀 숨을 쉴 수 없는 상태를 말한다. 원래 음식은 후두덮개 덕분에 기관이 아닌 식도로 내려가게 된다. 하지만 음식물이 잘못 들어가 기도로 넘어가면 질식이 발생할 수 있다. 이 경우 공기가 폐로 들어갈 수 없어 즉각적으로 생명에 위협이 될 수 있다. 그래서 기도에 걸린 물체를 강제로 밀어내기 위해 복부 밀어 올리기(하임리히법)를 시행하는 것이다.

음식 막힘은 음식물이 식도에 걸려 내려가지 않는 상태를 말한다. 때로는 삼킨 물체가 너무 크기 때문이고, 때로는 식도에 종양이나 근육 운동 이상 같은 문제가 있어 음식이 제대로 내려가지 못하는 일도 있다. 이럴 때는 원인이 되는 질환을 치료하는 것과 함께 식도를 막고 있는 음식물이나 이물질을 제거해 통로를 확보해야 한다.

섭식장애

섭식장애는 정신 질환의 하나로,
장과 밀접하게 관련된 행동 양상을 동반하는 경우가 많다.

전 세계 인구의 최소 9%가 섭식장애를 경험한다. 하지만 이러한 장애를 가진 사람들은 건강한 체중을 유지하는 데 어려움을 겪고 있어도 이를 스스로 인지하지 못하거나 밝히길 꺼리는 경우가 많아, 진단이 누락되거나 늦어질 수 있다. 섭식장애는 여러 가지 요인이 복합적으로 작용해 발생하는 것으로 보인다. 신체에 대한 불만족, 부정적인 평가에 대한 노출, 통제력 부족에 대한 인식, 유전적 요인, 그리고 신경생물학적 요인 등이 뒤섞여 비정상적인 섭식 행동을 유발할 수 있다.

섭식장애를 평가할 때는 체중과 열량 섭취량을 객관적으로 측정하고, 영양 상태를 평가하는 것뿐만 아니라 자가 유도 구토나 영양 결핍으로 인한 신체적 징후도 확인해야 한다. 이러한 징후에는 심장 부정맥, 생리 이상, 피부 변화(부스러지기 쉬운 머리카락과 손발톱, 영양 결핍으로 인한 솜털 증가), 주먹결절 굳힘, 반복적인 구토로 인한 치아 부식 등이 포함된다. 섭식장애 환자에게 흔히 나타나는 소화기 증상으로는 변비(영양 결핍과 낮은 섭취량 때문에), 메스꺼움, 구토, 복부 팽만, 복통 등이 있다. 구토가 잦은 경우, 역류성 식도염(104쪽 참조), 바렛 식도(104쪽 참조), 말로리-바이스 열상(127쪽 참조) 같은 질환이 동반될 수 있다.

섭식장애 치료는 단순히 정신 질환을 다루는 것뿐만 아니라, 영양 결핍과 기타 의학적 합병증까지 고려해야 하므로 다양한 의료 전문가가 협력하는 다각적인 접근이 필요하다. 정신 치료와 정신과 약물 치료 외에도, 심각한 영양 결핍이 있는 환자의 경우 식이 전문가와 병원의 철저한 관찰 아래 영양 관리가 이루어져야 한다. 특히 갑작스러운 영양 공급으로 인해 발생할 수 있는 영양재개 증후군을 예방하는 것이 중요하다. 영양재개 증후군은 발작, 심장기능상실, 심할 경우 사망까지 초래할 수 있다. 다음은 진료실에서 자주 접하는 섭식장애 유형이다.

신경성 식욕 부진은 심각한 저체중, 체중 증가에 대한 극심한 두려움, 그리고 왜곡된 신체 이미지가 특징인 장애이다. 이 장애는 두 가지 유형으로 나뉜다. 음식 섭취를 극도로 제한하거나 단식 또는 과도한 운동을 하는 경우인 제한형, 그리고 폭식/구토형이다.

신경성 거식증은 반복적인 폭식 행동과 함께 체중 증가를 막기 위해 부적절한 배출 행동을 보이는 장애이다. 이러한 배출 행동에는 자가 유도 구토, 설사제(배변제), 관장제, 이뇨제 사용, 자극제 오남용 등이 포함될 수 있다. 배출 행동 외에도 체중을 조절하기 위해 과도한 운동, 단식 또는 음식 섭취 제한, 당뇨 환자의 경우 인슐린 용량 조절 같은 방식이 사용되기도 한다. 신경성 식욕 부진 환자와 달리, 신경성 거식증 환자는 신체 검사에서 정상 체중을 보이는 경우가 많다. 하지만 이는 건강한 체중 유지가 아니라, 자신의 몸에 대한 부정적인 인식과 극단적인 칼로리 조절 강박에서 비롯된 경우가 많다.

폭식 장애는 최소 3개월 동안 매주 폭식하는 에피소드가 반복되는 것이 특징이다. 폭식 장애가 있는 사람들은 과체중이 되는 경우가 많지만, 체중 자체는 진단 기준에 포함되지 않는다. 이 장애와 관련된 주요 증상으로는 배고픔이나 포만감과 상관없이 먹는 행동, 폭식 후의 부정적인 감정 등이 있다. 때로는 체중이 과도하게 증가한 이후에야 폭식 장애가 나타나기도 한다.

회피적/제한적 음식 섭취 장애(ARFID)는 특정 음식에 두려움을 느껴 심각한 체중 감소를 초래하는 장애다. 이 장애는 음식의 질감, 냄새, 외형 때문에 먹기를 꺼리거나, 메스꺼움, 변비, 알레르기 반응 등의 불편함을 우려해 특정 음식을 피하는 것이 특징이다. 하지만 신경성 식욕 부진이나 신경성 폭식증과 달리 체중이나 몸매에 대한 과도한 집착은 나타나지 않는다.

이식증은 음식이 아닌 물질을 섭취하는 장애로, 분필, 세제 가루, 흙, 페인트 조각 등을 먹는 것이 대표적이다. 이식증에는 얼음을 먹는 행동도 포함될 수 있는데, 이는 빈혈의 가능성을 시사하는 증상일 수 있다. 다만 얼음을 먹는 것은 페인트 조각처럼 독성을 유발할 위험은 없다. 한편, 특정 물질을 섭취하는 것이 문화적·전통적 의미를 지닌 경우 이를 장애로 간주하지는 않는다.

되새김 장애는 음식이 자동적으로 역류했다가 다시 삼켜지는 행동이 반복되는 장애로, 스스로를 진정시키는 방식으로 나타날 수 있다. 이 장애는 소아와 성인 모두에게 발생할 수 있으며, 진단을 위해서는 증상이 한 달 이상 지속되어야 하고, 위장관 질환과 관련이 없어야 한다.

섭식장애 치료는
다각적인 접근이 필요하다.

과체중과 비만

과체중과 비만은
체지방이 과도하게 축적된 상태를 말한다.

체지방이 많으면 심장병과 다양한 암을 포함한 건강 문제의 위험이 증가할 수 있다. 일반적으로 과체중과 비만 여부를 판단할 때 체질량지수(BMI)를 기준으로 삼는다. BMI는 체중(kg 또는 lbs)을 키(m 또는 ft)의 제곱으로 나눈 값으로 계산한다. 하지만 BMI는 체중 상태를 평가하는 데 정확하지 못하다는 비판을 많이 받아 왔다. 단순히 몸무게가 많이 나간다고 해서 반드시 체지방이 많은 것은 아니기 때문이다. 예를 들어 보디빌더는 근육량이 많아 BMI 수치가 높을 수 있지만, 체지방률이 낮아 건강할 수 있다. 또한 BMI가 정상 범위에 속하더라도 다른 건강 지표에서는 더 나쁜 결과를 보일 수도 있다.

과체중과 비만은 기본적으로 섭취한 열량이 소모한 열량보다 많을 때 발생하지만, 체중 관리는 단순한 계산으로 해결되지 않는 복잡한 문제이다. 사람마다 생물학적 차이가 있을 뿐만 아니라, 환경, 생활습관, 행동적 요인도 영향을 미친다. 예를 들어 식욕을 조절하는 호르몬 균형은 개인마다 다를 수 있으며, 같은 열량을 섭취해도 몸이 저장하는 방식 또한 사람마다 차이가 날 수 있다.

불규칙한 근무 일정, 앉아 있는 생활방식, 건강한 음식을 먹기 어려운 환경과 같은 외부 요인은 체중 증가 위험을 높일 수 있다. 예를 들어, 체중 증가에 취약한 유전적 요인을 가진 사람이 비만을 유발하기 쉬운 환경에서 생활하면서 신체 활동이 부족하고 열량 섭취가 많다면 체지방이 더 쉽게 축적될 가능성이 크다.

과체중과 비만은 공중 보건 문제에 속한다. 2021년 조사에 따르면 영국의 성인 중 25.9%가 비만으로, 37.9%가 과체중으로 나타났다. 전문가들은 과도한 체지방이 전반적인 건강에 미치는 악영향뿐만 아니라 이러한 상태와 그 합병증이 사회 전체에 야기하는 경제적 부담에 대해서도 우려하고 있다.

과체중과 비만에 대한 논의는 민감한 주제다. 체중과 관련된 사회적 낙인이 강하다 보니 환자들이 치료를 받고 실행하는 데 더 어려움을 겪는 경우가 많다. 이런 문제를 해결하기 위해 '바디 포지티브' 운동이 등장했다. 이 운동은 사회가 강요하는 미적 기준에 도전하고, 다양한 신체 형태와 크기를 포용하며 받아들이자는 메시지를 전한다. 바디 포지티브 운동은 체중에 대한 편견을 줄이는 데 긍정적인 역할을 하지만, 체중과 건강에 대한 대화는 여전히 필요하다. 다만 이러한 논의가 개인에게 강요되거나 단순히 외적인 목적을 위한 것이 되어서는 안 된다. 여러 의학 기관에서는 체중과 관련된 낙인을 줄이고, 편안한 환경을 조성하며, 적절한 언어를 사용하는 방법에 관해 최선의 가이드라인을 제시하고 있다. 궁극적으로 체중 감량을 결정하는 것은 개인의 선택이다. 체중을 줄이기로 한 사람이라 해도 반드시 '정상 체중'을 만드는 것이 아니라, 건강 문제의 위험을 줄일 만큼 감량하는 것이 중요하다. 또한 가장 효과적인 치료법은 단기간이 아닌, 오랫동안 지속할 수 있는 방법이어야 한다.

과체중과 비만은 그 원인과 영향이 다양하기 때문에 치료 접근법도 다각적이다. 치료의 핵심은 식습관 조절과 생활 방식 개선이다. 많은 상업적 체중 감량 프로그램이 열량 섭취를 제한하는 방법을 안내하며, 이를 통해 체중 관리에 도움을 줄 수 있다. 하지만 단순히 식단을 조절하는 것만으로는 충분하지 않다. 당뇨병, 수면무호흡증, 정신건강 문제 같은 동반 질환을 함께 관리하는 것도 중요하다. 또한 근무 형태, 사회적 지원, 안전한 운동 환경, 건강한 식품 접근성(식품 사막 문제) 등과 같은 사회적 요인도 체중 감량에 큰 영향을 미칠 수 있다.

현재 체중 관리에 도움이 되는 경구제와 주사제 형태의 체중 감량 약물이 사용되고 있다. 또 수술적 체중 감량 방법으로는 루와이 위우회술과 복강경 위소매 절제술이 있다. 루와이 위우회술은 장의 일부를 우회하여 음식물이 위와 소장의 일부를 건너뛰도록 하는 방법이며, 복강경 위소매 절제술은 위의 일부를 절제해 음식 섭취량을 제한하는 방법이다. 최근에는 입을 통한 내시경 시술도 인기를 얻고 있다. 대표적인 예로는 위 내 풍선 삽입술과 내시경 위소매 성형술이 있다. 위 내 풍선 삽입술은 위 내부에 일시적으로 풍선을 넣어 공간을 차지하게 해 음식 섭취를 줄이는 방법이며, 내시경 위소매 성형술은 위를 봉합해 크기를 줄여 음식 섭취량을 제한하는 방법이다.

위를 두 부분으로 나누기

고도비만 환자의 음식 섭취량을 제한하기 위해 위의 크기를 줄이고 식욕 호르몬의 분비를 감소시키는 수술이 시행된다. 위소매 절제술(비만 수술)은 위를 두 부분으로 나누고, 좁고 기다란 튜브 형태만 남기는 방식이다.

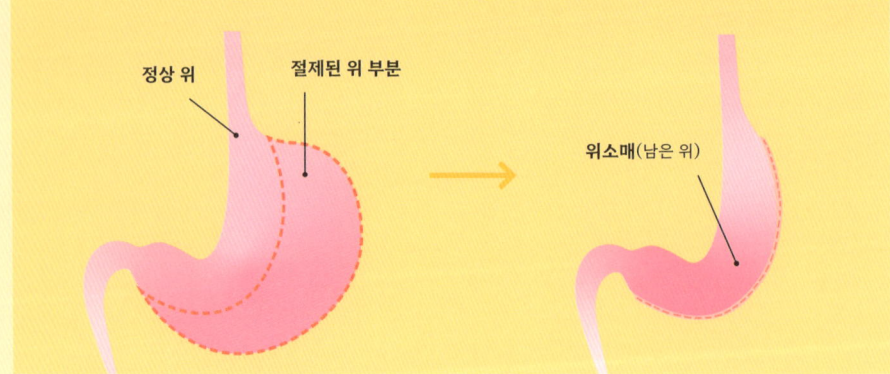

음식 알레르기와 불내증

면역 반응이 관여하는 경우 알레르기,
면역 반응과 관련이 없는 경우 불내증이다.

음식 반응은 종종 혼란을 일으킨다. 모든 반응을 쉽게 진단할 수 있는 것은 아니며, 같은 음식을 먹어도 사람마다 증상이 다를 수 있고, 반응이 일어나는 기전도 명확하지 않은 경우가 많기 때문이다. 증상의 불편함은 알레르기나 불내증 중 어느 쪽이 더 심하다고 단정할 수 없으며, 반응하는 방식이 다를 뿐이다. 다만 치료 방법은 완전히 다르다.

영국에서는 음식과 관련된 아나필락시스로 인한 병원 입원이 1998년부터 2018년까지 3배 증가했다. 이러한 증가의 원인에 대한 여러 가설이 있지만, 아직 명확한 결론은 없다. 다만 많은 과학자들은 생활 방식과 환경 변화가 장내 미생물에 미치는 영향이 중요한 역할을 한다는 데에 의견을 같이한다.

미국에서는 어린이의 약 8%, 성인의 2~10%가 음식 알레르기의 영향을 받는다고 보고된다. 영국은 전 세계에서 알레르기 질환 유병률이 가장 높은 국가 중 하나로, 전체 인구의 20% 이상이 한 가지 이상의 알레르기 질환을 앓고 있다. 어린이에게 가장 흔하게 나타나는 음식 알레르기 원인은 우유, 계란, 땅콩, 견과류, 밀 등이다. 대부분의 어린이는 성장하면서 이러한 알레르기를 자연스럽게 극복하지만, 땅콩과 견과류 알레르기는 예외적으로 지속되는 경우가 많다. 왜 일부 알레르기는 사라지고, 일부는 남아 있는지는 명확하게 밝혀지지 않았다. 다만 장내 미생물 변화, 면역계의 성숙, 나이가 들면서 장벽이 변하는 과정 등이 원인일 가능성이 제기되고 있다. 많은 성인이

나이가 들면서 음식 알레르기를 새롭게 겪게 되기도 하는데, 갑각류와 생과일 알레르기가 가장 흔하게 나타난다. 일부 과학자들은 이런 늦은 알레르기 반응이 어린 시절 특정 음식에 노출되지 않아서 발생할 가능성이 있다고 본다. 어릴 때부터 면역체계가 해당 음식에 익숙해질 기회가 없었기 때문이라는 설명이다. 또한 연구에 따르면 생과일 알레르기는 꽃가루 알레르기와 관련이 있을 가능성이 있다. 수확 후에도 과일 표면에 꽃가루가 남아 있을 수 있기 때문이다. 우리의 장에는 다양한 음식, 세균, 이물질이 끊임없이 지나가지만, 장 속 면역체계는 무엇이 해롭고 무엇이 무해한지를 구별하는 능력을 점점 더 정교하게 발전시켜 왔다.

· 주요 알레르기 유발 식품 ·

영국 국민보건서비스(NHS)에 따르면, 가장 흔한 음식 알레르기 원인은 우유, 계란, 땅콩, 대두, 완두콩, 병아리콩, 견과류(호두, 아몬드, 헤이즐넛, 피칸, 캐슈넛, 피스타치오, 브라질너트), 갑각류(새우, 게, 바닷가재), 밀 등이다.

일부 외부 입자들은 장벽을 통과해 혈류로 흡수될 수 있으며, 대부분의 경우 우리 몸은 이에 적응해 면역 관용을 형성한다. 하지만 일부 사람들의 경우 이러한 입자의 존재가 면역계를 과도하게 활성화시키면서 알레르기 반응을 유발할 수도 있다.

이러한 면역 반응은 IgE 항체가 관여하는 반응과 그렇지 않은 반응으로 나뉜다. IgE 매개 음식 알레르기의 대표적인 예로 꽃가루-음식 알레르기 증후군이 있다. 이 질환은 생과일이나 채소를 섭취했을 때 입 안이 가렵거나 부어오르는 증상이 나타나는 것이 특징이다. 이러한 가려움과 부종은 IgE 항체가 히스타민을 방출하면서 발생하는 면역 반응 때문이다. IgE 매개 알레르기 반응은 반드시 구강 내에 국한되지는 않으며, 심한 경우 생명을 위협할 수 있는 전신성 알레르기 반응인 아나필락시스로 이어질 수도 있다.

IgE가 관여하지 않는 음식 알레르기의 대표적인 예로 셀리악병이 있다. 이 질환은 글루텐에 대한 면역 반응을 유발하며, 장벽을 손상시켜 다양한 증상을 일으킨다. 주요 증상으로는 설사, 복부 팽만, 가스 참, 메스꺼움 또는 구토 등이 있다. 영아의 경우, 식품 단백질 유발성 장염 증후군(FPIES) 같은 질환이 나타날 수 있다. 이는 우유나 대두 단백질을 비롯한 여러 단백질이 면역 반응을 일으켜 구토와 설사를 유발하는 질환으로, 원인 식품을 제거하면 증상이 사라진다.

알레르기와 달리, 유당 불내증이나 과당 불내증 같은 음식 불내증은 면역 반응과 무관하기에 즉각적인 생명 위협을 초래하지 않는다. 유당 불내증은 유당을 분해하는 효소(락타아제)의 생산이 줄어드는 것이 원인이다. 유당은 주로 우유나 치즈 같은 유제품에 포함된 당 성분이다. 또한 우유 알레르기와는 달리, 유당 불내증의 증상은 아나필락시스를 유발하지 않는다.

유당 불내증은 생명을 위협하지는 않지만 심한 설사와 체중 감소 같은 증상을 유발할 수 있다. 또한 유제품을 먹지 않으면 칼슘과 비타민 D 섭취가 부족해질 위험이 있다. 이런 영양소를 따로 보충하지 않으면 장기적으로 뼈 건강에 영향을 미칠 수 있다. 비(非)셀리악 글루텐 과민증도 대표적인 음식 불내증 중 하나다. 셀리악병이 없더라도 글루텐 섭취 후 특정 증상이 나타나는 경우를 말한다. 하지만 이 상태를 진단할 특정 검사법이 없고, 증상 또한 과민대장

어린이에게 가장 흔하게 나타나는 음식 알레르기 원인은 우유, 계란, 땅콩, 견과류, 밀 등이다.

증후군 같은 다른 질환과 겹치는 경우가 많아 구별이 어렵다. 실제로 스스로 글루텐 민감성이 있다고 생각하는 환자의 3분의 1은 의학적 검사를 통해 다른 진단을 받았다는 연구 결과도 있다.

진단의 목표는 어떤 음식이 알레르기 반응을 유발하는지 알아내는 것이며, 치료의 핵심은 해당 음식을 피하는 것이다. IgE 매개 알레르기는 일반적으로 피부 반응 검사(단자 검사) 또는 혈액 검사를 통해 특정 음식에 대한 IgE 항체를 검출하여 진단할 수 있다. 반면, IgE가 관여하지 않는 음식 알레르기의 경우, 내시경 검사와 조직 채취, 혈액 검사를 함께 진행해야 할 수도 있다.

음식 불내증은 면역 반응과 달리 생명을 위협하지 않기 때문에 특정 음식을 피하면서 증상이 나아지는지 확인하는 것만으로도 충분할 수 있다. 하지만 자신이 음식 불내증이 있다고 생각한다면 전문 영양사와 상담하여 원인을 파악하고 적절한 식단 조절을 하는 것이 가장 좋은 방법이다.

알레르기 표시 라벨

다량영양소

우리 몸은 에너지 생성, 성장, 회복을 위해
단백질, 탄수화물, 지방 같은
다량영양소를 많이 필요로 한다.

주요 다량영양소는 단백질, 탄수화물, 지방 세 가지다. 어떤 음식은 여러 가지 다량영양소를 포함하고 있지만, 어떤 음식은 특정 영양소가 대부분을 차지하기도 한다.

단백질은 세포 구조를 형성하고, 화학 반응을 촉진하며, 몸 안에서 다양한 물질을 운반하는 역할을 하는 큰 분자이다. 단백질을 구성하는 기본 단위를 아미노산이라고 하며, 총 20가지가 있다. 이 중 9가지 필수 아미노산은 몸에서 자연적으로 생성되지 않기 때문에 반드시 음식으로 섭취해야 한다. 단백질은 체내에 저장되지 않으며, 필요 이상으로 섭취하면 탄수화물이나 지방으로 변환되어 저장된다. 하지만 몸이 대사적으로 스트레스를 받는 상황(운동)이나 특정 질환(화상, 단백질 손실성 장병)을 겪을 때는 단백질 필요량이 증가할 수 있다. 대표적인 단백질 공급원으로는 생선, 고기, 계란, 두부, 요거트 등이 있다.

탄수화물에는 소화가 가능한 것과 불가능한 것이 있다. 전분, 자당, 유당 같은 탄수화물은 소화가 가능하지만, 수용성 및 불용성 식이섬유는 소화되지 않는다. 소화 가능한 탄수화물이 분해되면 포도당, 과당, 갈락토스 같은 단순당으로 나뉜다. 이 중 포도당은 세포가 에너지를 만드는 데 사용되므로, 탄수화물은 좋은 에너지원이 된다. 탄수화물의 대표적인 공급원은 과일과 채소뿐만 아니라, 전분과 곡류도 있다. 또한 과일과 채소에는 탄수화물 외에도 다양한 영양소와 항산화제가 풍부하게 들어 있다.

지방은 흔히 건강에 해로운 물질로 여겨지지만, 우리 몸의 다양한 기능이 지방에 의존하고 있다. 지질(지방)은 중성지방, 인지질, 콜레스테롤로 구성되며, 에너지원이 될 뿐만 아니라 세포막을 형성하고, 스테로이드 및 성호르몬의 전구체 역할을 하는 등 여러 가지 중요한 기능을 한다. 중성지방은 분해되어 글리세롤과 지방산이 되고, 이를 에너지원으로 사용한다. 탄수화물과 마찬가지로, 지방도 음식의 종류에

**대표적인 단백질 공급원으로는
생선, 고기, 계란, 두부, 요거트 등이 있다.**

따라 건강에 미치는 영향이 다르다. 포화지방과 달리 불포화지방(아보카도, 견과류, 올리브오일에 풍부)은 실온에서 액체 상태를 유지하므로 동맥을 막을 가능성이 작아 '건강한 지방'으로 여겨진다.

불포화지방은 단일불포화지방과 다중불포화지방으로 나뉘며, 둘 다 심혈관 건강에 이로운 역할을 한다. 올리브오일 같은 일부 건강한 지방에는 폴리페놀과 같은 항산화 물질이 포함되어 있어 심장 건강과 노화 방지에도 도움이 될 수 있다. 다가불포화지방 중 한 종류가 오메가-3 지방산이다. 오메가-3 지방산은 몸에서 자체적으로 생성되지 않기 때문에 반드시 음식으로 섭취해야 한다. 대표적인 오메가-3 지방산으로는 에이코사펜타엔산(EPA)과 도코사헥사엔산(DHA)이 있으며, 이는 생선에 풍부하게 함유되어 있다. 또한 알파-리놀렌산(ALA)은 주로 견과류와 식물성 오일에서 많이 발견된다.

산업적으로 가공된 트랜스지방은 원래 20세기 초 식품의 유통기한을 늘리기 위해 도입된 불포화지방이지만, 건강에 해로운 지방으로 간주된다. 트랜스지방은 주로 가공식품(케이크, 감자칩, 비스킷, 마가린 등)에 포함되어 있으며, 동맥을 막고 심장마비 위험을 높이는 것으로 알려져 있다. 이러한 이유로 미국은 2020년부터 식품 제조업체가 트랜스지방을 첨가하는 것을 금지했다. 반면, 영국은 명확한 법적 규제는 없지만, 주요 브랜드와 유통업체들이 제품에서 트랜스지방을 제거하기로 합의한 상태다.

다량영양소

단백질, 탄수화물, 지방은 우리 몸의 구조를 형성하고 기능을 수행하는 데 필요한 주요 다량영양소다. 아래 그림은 이러한 다량영양소의 대표적인 공급원을 보여 준다. 다행히 많은 음식이 여러 가지 영양소를 함께 포함하고 있어 균형 잡힌 섭취가 가능하다.

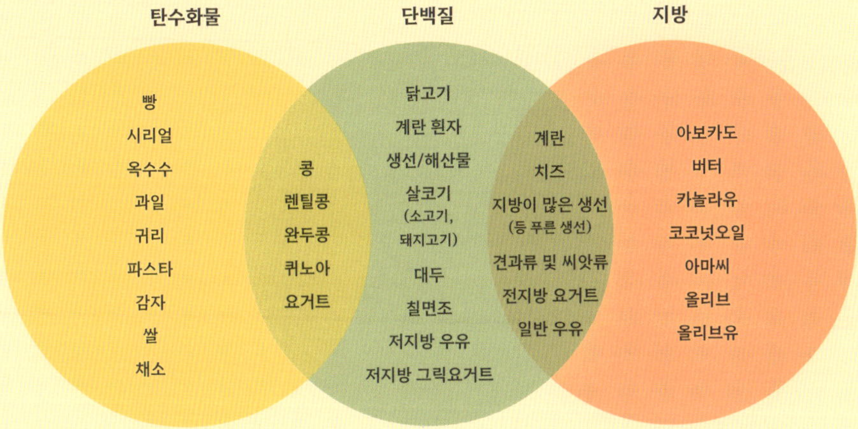

탄수화물
- 빵
- 시리얼
- 옥수수
- 과일
- 귀리
- 파스타
- 감자
- 쌀
- 채소

탄수화물 ∩ 단백질
- 콩
- 렌틸콩
- 완두콩
- 퀴노아
- 요거트

단백질
- 닭고기
- 계란 흰자
- 생선/해산물
- 살코기 (소고기, 돼지고기)
- 대두
- 칠면조
- 저지방 우유
- 저지방 그릭요거트

단백질 ∩ 지방
- 계란
- 치즈
- 지방이 많은 생선 (등 푸른 생선)
- 견과류 및 씨앗류
- 전지방 요거트
- 일반 우유

지방
- 아보카도
- 버터
- 카놀라유
- 코코넛오일
- 아마씨
- 올리브
- 올리브유

미량영양소

미량영양소에는 비타민과 무기질 등이 있으며,
적은 양이 필요하지만 건강과 웰빙에 필수다.

다량영양소는 하루 섭취량이 그램(g) 단위로 측정되지만, 미량영양소는 밀리그램(mg) 이하로 필요한 것이 일반적이다. 비타민은 식물이나 동물이 생성하는 유기물질이며, 지용성 비타민과 수용성 비타민으로 나뉜다. 비타민 A, D, E, K는 지용성 비타민으로, 장에서 효과적으로 흡수되려면 지방이 필요하다. 이외의 모든 비타민은 수용성 비타민이다. 따라서 만성 췌장염으로 인한 췌장 기능 저하처럼 지방 대사가 원활하지 않은 질환이 있는 경우, 지용성 비타민 결핍이 발생할 가능성이 높다.

무기질은 비타민과 달리 자연적으로 토양에서 발견되는 무기물질이다. 무기질에는 두 가지 종류가 있다. 다량무기질과 미량무기질이다. 다량무기질에는 칼륨, 나트륨, 마그네슘, 인, 칼슘이 포함되며, 상대적으로 많은 양이 필요하기 때문에 일부에서는 미량영양소로 분류하지 않기도 한다. 어떤 비타민이나 무기질이든 오랜 기간 부족하면 건강에 심각한 영향을 미칠 수 있다.

우리 몸이 정상적으로 기능하려면 수용성 비타민과 지용성 비타민이 모두 필요하다. 특정 장 질환은 특정 비타민의 흡수를 방해하여 결핍과 그에 따른 증상을 유발할 수 있다. 건강한 자연식 위주의 식단을 유지하면 아래 표에 나열된 대부분의 비타민을 충분히 섭취할 수 있다. 비타민 결핍은 선진국에서는 드물지만, 채식주의자나 비건처럼 특정 식단을 따르는 그룹에서는 더 흔하게 나타날 수 있다.

하루 동안 섭취해야 할 비타민의 식이 공급원

비타민	식이 공급원	결핍 증상
A	육류, 달걀, 해산물, 당근, 호박, 시금치	시력 저하, 야맹증
D	비타민 강화 우유 및 시리얼, 지방이 많은 생선	약한 뼈(골연화증)
E	식물성 기름, 잎채소, 통곡물, 견과류	빈혈 및 신경학적 문제(드물게 발생)

K	달걀, 우유, 케일, 시금치, 브로콜리	출혈(드물게 발생)
C	감귤류 과일, 감자, 시금치, 토마토	상처 치유 지연, 심한 경우 피로, 우울증, 결합조직 이상(괴혈병)
B1 (티아민)	두유, 햄, 수박, 호박	과민성, 피로, 심장 기능 상실, 신경학적 문제(베르니케뇌병증) 및 환각(코르사코프 정신병)
B2 (리보플라빈)	유제품, 비타민 강화 곡류 및 시리얼	부종, 구내염, 피부염
B3 (니아신)	육류, 생선, 비타민 강화 곡류, 버섯	피부염, 설사, 치매(펠라그라)
B5 (판토텐산)	닭고기, 통곡물, 브로콜리, 아보카도	구내염, 혀염, 우울증, 혼란, 빈혈
B6 (피리독신)	고기, 생선, 콩류, 대두, 바나나	정신 상태 변화, 근육통, 식욕 부진, 피부염, 탈모(단독 결핍은 드물게 발생)
B7 (비오틴)	달걀, 대두, 생선, 통곡물	거대적혈모구 빈혈, 신경 기능 장애
B9 (엽산)	잎채소, 콩, 과일, 통곡물	빈혈, 피로, 쇠약감
B12 (코발라민)	고기, 생선, 유제품, 비타민 강화 시리얼	피로, 복통, 구토(단독 결핍은 드물게 발생)

영양소 결핍

대부분의 사람들은 모든 식품군을 포함한 균형 잡힌 자연식 식단을 섭취하면 건강을 유지하는 데 필요한 미량영양소를 충분히 공급받을 수 있다. 하지만 일부 집단에서는 특정 영양제 섭취가 권장되기도 한다. 예를 들어 염증성 장 질환과 같은 질환으로 인해 장의 일부가 손상된 경우, 미량영양소가 제대로 흡수되지 않을 수 있다. 이로 인해 철분, 비타민 B12, 비타민 D, 비타민 K 등의 결핍이 발생할 가능성이 있다. 어떤 영양소가 결핍되었느냐에 따라 정상적인 미량영양소 수치를 유지하기 위해 보충이 필요할 수 있다. 영국 국립보건임상연구원(NICE)은 임신 중이거나 임신을 계획하고 있다면 엽산 보충제를 매일 섭취할 것을 권장한다. 겨울철에는 햇빛 노출이 제한되기 때문에 모든 사람, 특히 영유아, 노인, 그리고 외출이 어려운 사람들에게 매일 10μg의 비타민 D 보충제를 섭취할 것을 권장한다. 식물성 식단을 따르는 사람이나 50세 이상이라면 비타민 B12 보충이 필요하다. B12는 식물성 식품에 자연적으로 존재하지 않으며, 나이가 들수록 흡수율이 감소하기 때문이다. 세계적으로 가장 흔한 미량영양소 결핍은 철분 결핍으로, 이는 만성적인 출혈(특히 월경량이 많은 여성)로 인해 발생하는 경우가 많다. 개발도상국에서는 기생충 감염이 철분 결핍의 주요 원인 중 하나다.

장은 우리 몸이 정상적으로 기능하는 데 필요한 무기질을 흡수하는 역할을 한다. 나트륨과 칼슘 같은 다량 무기질은 신경과 근육 기능에 관여하며, 뼈의 구조를 형성하는 데도 중요한 역할을 한다. 반면, 미량 무기질은 면역 기능과 신진대사에 큰 영향을 미친다.

일일 다량 무기질의 식이 공급원

다량 무기질	식이 공급원	결핍 증상
나트륨	소금, 채소	근력 저하, 탈수
칼륨	과일, 일부 채소, 견과류, 생선, 육류	근력 저하, 부정맥, 감각 이상
마그네슘	시금치, 콩류, 씨앗류, 통밀빵	근력 저하, 근육 경련, 부정맥
인	붉은 육류, 가금류, 해산물, 콩류, 견과류	근력 저하, 피로, 심부전, 면역 기능 저하

| 칼슘 | 유제품, 잎채소, 생선, 비타민 강화 곡물 및 두유 제품 | 골연화증, 부정맥 |

일일 미량 무기질의 식이 공급원

미량 무기질	식이 공급원	결핍 증상
크로뮴	육류, 가금류, 생선, 치즈, 견과류	혈당 조절 장애, 신경병증, 혼란
구리	갑각류, 견과류, 콩, 씨앗류, 통곡물 제품	피부와 모발의 색소 손실, 신경계 이상, 골격 이상, 상처 치유 지연, 면역세포 감소
불소	생선, 차	치아 우식증
아이오딘	아이오딘 강화 소금, 해산물, 일부 채소와 곡물	갑상샘종, 갑상샘 기능 저하증, 임산부의 경우 태아 발달 이상
철	짙은 녹색 잎채소, 붉은 육류, 견과류, 콩, 비타민 강화 빵과 시리얼	빈혈, 피로
셀레늄	내장육, 해산물, 호두	근육통, 심장 문제
아연	육류, 갑각류, 콩류, 통곡물	성장 지연, 불임, 상처 치유 지연, 설사, 탈모, 피부염

에너지 대사

에너지 대사라는 생물학적 과정은
신체가 생존을 유지하기 위해 필요한 영양소를
어떻게 충족하는지를 설명한다.

우리 장기가 정상적으로 기능하려면 에너지가 필요하다. 또한 우리가 섭취하는 양이 항상 일정하지 않기 때문에 에너지를 저장할 수 있는 능력도 중요하다. 신체가 가장 먼저 사용하는 연료는 포도당이며, 간과 근육 조직에 저장된 형태인 글리코겐이 두 번째, 지방세포에 저장된 중성지방이 그다음이다. 물론, 신체를 건강하고 정상적으로 유지하는 데 필요한 요소는 에너지뿐만이 아니다. 미량영양소 또한 필수적이다.

많은 사람이 에너지 균형을 체중 증가나 감소의 개념으로 생각하지만, 사실 이것은 신체가 섭취하고 소모하는 에너지의 양을 의미한다. 총에너지 소비량은 크게 세 가지로 나뉜다. 휴식대사량(기초대사율), 신체 활동, 식이성 발열 효과다.

휴식대사량은 아무것도 하지 않고 깨어 있을 때 신체가 필요로 하는 에너지양을 뜻한다. 뇌, 심장, 장, 간, 신장은 전체 체중의 10%밖에 차지하지 않지만, 휴식대사량의 75%를 사용한다. 각 기관이 안정 상태에서 필요로 하는 에너지양은 다르며, 사람이 아프거나 특정 장기에 문제가 있을 경우 이 요구량도 달라진다.

전신에 걸친 3도 화상은 의학적 상태 중에서 가장 높은 에너지 요구량을 필요로 하지만, 중증 감염이나 급성 췌장염 또한 에너지 소비를 크게 증가시킨다. 사람마다 가지고 있는 의학적 상태에 따라 총 필요 칼로리뿐만 아니라 필요한 다량영양소와 미량영양소의 종류도 달라질 수 있다. 예를 들어 투석이 필요한 신부전 환자는 그렇지 않은 사람보다 단백질이 더 많이 필요하다.

신체 활동으로 인한 에너지 소비는 운동뿐만 아니라 서 있거나 걷는 등의 일상 활동에 사용되는 에너지를 포함한다. 우리가 섭취한 음식을 소화하는 데 필요한 에너지는 또 다른 범주로 분류되며, 이를 식이성 발열 효과라고 한다. 많은 사람들이 소화 과정에서도 에너지가 필요하다는 사실을 간과하곤 한다!

신체가 장기의 기능을 유지하고 신체 활동이나 음식 처리 과정에서 소비하는 에너지는 칼로리 단위로 측정된다. 마찬가지로 우리가 섭취하는 음식도 일정한 칼로리를 포함하고 있다. 섭취한 칼로리와 신체에서 소비하는 칼로리가 균형을 이루면 안정적이고 건강한 체중을 유지할 수 있다.

에너지 대사

에너지 소모

이 원형 그래프는 앉아 있거나 가벼운 활동을 하는 건강한 사람이 하루 동안
에너지를 소비하는 세 가지 주요 범주별 비율을 나타낸다.

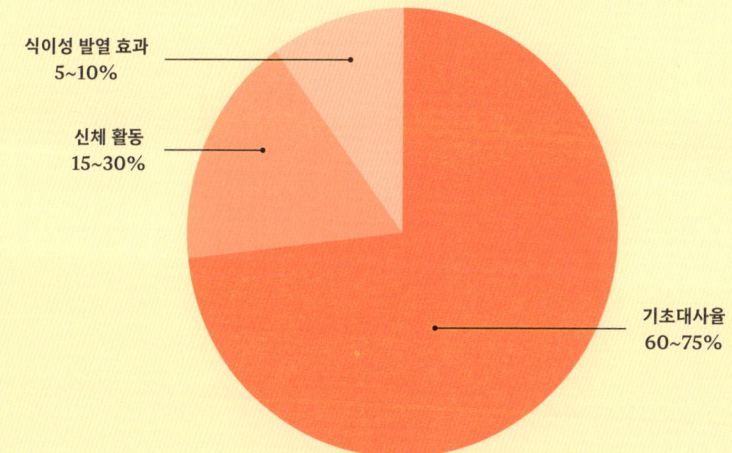

식이성 발열 효과
5~10%

신체 활동
15~30%

기초대사율
60~75%

장기의 에너지 요구량

이 원형 그래프는 앉아 있거나 가벼운 활동을 하는 건강한 사람이
개별 장기별로 소비하는 에너지를 보여준다.

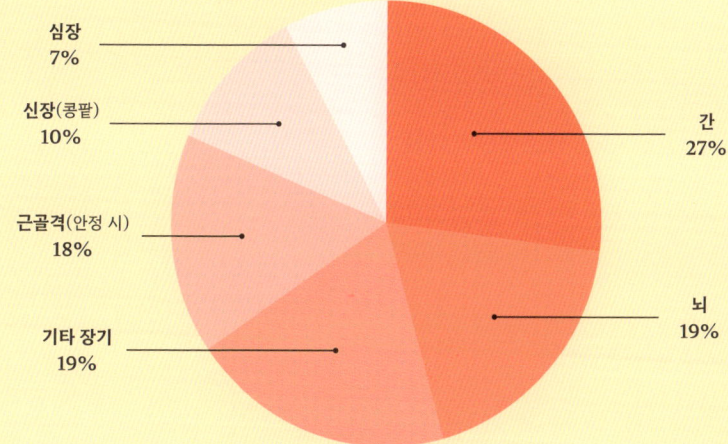

심장
7%

신장(콩팥)
10%

근골격(안정 시)
18%

기타 장기
19%

간
27%

뇌
19%

많이 하는 질문들

비타민이나 미네랄 보충제를 너무 많이 먹으면 아플 수도 있나?

일부 비타민은 고농축 보충제 형태로 과다 섭취할 경우 문제가 생길 수 있다. 예를 들어 비타민 A(레티놀)를 과량 섭취하면 폐암 위험이 증가할 수 있다는 연구 결과가 있다. 또한 비타민 D를 지나치게 많이 섭취하면 혈중 칼슘 수치가 높아져 메스꺼움, 구토, 뼈 통증, 신장 문제를 유발할 수 있다.

•

지방 섭취는 건강에 나쁜가?

지방에 대한 이해가 점점 발전하면서, 지방이 인체 구조와 기능에 필수적인 요소라는 사실이 밝혀졌다. 지방에는 '좋은 지방'과 '나쁜 지방'이 있으며, 포화지방을 피하고 불포화지방을 선택하면 건강에 좋은 지방의 이점을 누리면서 심혈관 질환의 위험을 줄일 수 있다.

•

케이크, 비스킷, 사탕 같은 걸 절대 먹으면 안 되나?

이런 음식들은 적당히 즐기는 것이 중요하다. 완전히 피하려고 하면 오히려 갈망이 커져 장기적으로 더 조절하기 어려워질 수 있다. 그러면 오히려 역효과가 날 수도 있다.

•

덜 먹고 '건강한' 음식을 선택하면 살이 빠질까?

영양이 풍부하면서도 칼로리가 낮고 포만감을 주는 음식을 선택하면 배고픔 없이 체중을 감량하는 데 도움이 될 수 있다. 하지만 일부 '건강한' 음식도 칼로리가 높을 수 있다. 예를 들어 견과류는 건강한 지방과 다양한 영양소를 함유하고 있지만 칼로리가 높아 체중 감량을 목표로 할 경우 에너지 균형을 맞추는 데 방해가 될 수도 있다.

식물성 단백질도 동물성 단백질만큼 좋을까?

식물성 단백질이 불완전하다는 것은 흔한 오해이다. 실제로 퀴노아 같은 일부 식물성 단백질은 식단을 통해 섭취해야 하는 필수 9가지 아미노산을 모두 포함한 완전 단백질이다. 또한 식물성 식품이 풍부한 식단은 칼로리가 낮고, 섬유질이 많으며, 고기에서는 얻을 수 없는 항산화 성분과 다양한 미량영양소를 포함하고 있어 추가적인 이점을 제공할 수 있다.

•

두유나 두부 같은 콩 제품을 먹으면 유방암 위험이 증가할까?

일부 동물 실험에서는 콩에 포함된 식물성 에스트로겐이 유방 종양 세포 성장을 촉진할 수 있다는 결과가 나왔다. 하지만 인간을 대상으로 한 연구에서는 이러한 결과가 확인되지 않았다. 오히려 콩 기반 식품이 보호 효과를 가질 수도 있다.

•

글루텐 프리 식단이 더 건강할까?

셀리악병 같은 의학적 이유가 없다면 글루텐을 피한다고 해서 건강에 특별한 이점이 생기지는 않는다. 오히려 글루텐이 포함된 식품을 제한하면 통곡물에서 얻을 수 있는 중요한 영양소를 놓칠 수 있다.

•

체중 감량 약을 복용하거나 수술을 받는 건 반칙일까?

체중 감량 약물과 수술은 체중 감량을 돕는 방법이지만, 만능 해결책도 아니고 '반칙'으로 여길 필요도 없다. 비만은 개인이 통제할 수 없는 다양한 외부 요인의 영향을 받는 만성 질환인 경우가 많으며, 이를 해결하기 위해서는 다각적인 접근이 필요하다.

Chapter 3

일상적인 관리

무엇을 먹어야 할까?

의사들은 '건강한 식단'을 따르라고 권한다.
그런데 그게 정확히 뭘까?

사람마다 '건강한 식단'에 대한 정의가 다르다. 나이, 문화, 지역, 그리고 주변에서 구할 수 있는 식재료에 따라 그 의미는 달라질 수 있다. 어떤 사람에게는 오염되지 않고 안전한 음식을 찾는 것이 건강한 식단일 수 있고, 또 어떤 사람에게는 특정한 영양 목표를 충족하는 것이 중요할 수도 있다. 다양한 음식을 섭취하고 가공을 최소화한 식품을 선택하는 것이 좋은 출발점이다. 최근 몇십 년간 초가공식품이 많은 사람들의 식단에서 큰 비중을 차지하게 됐다. 우리는 종종 편리함을 위해 영양적 가치를 포기하는 선택을 하기도 한다.

세계보건기구(WHO)에 따르면 성인을 위한 건강한 식단에는 신선한 과일과 채소, 콩류, 견과류, 통곡물 등이 있다. WHO는 하루에 최소 400g의 과일과 채소를 섭취하고, 자연 식품에서 얻은 식이섬유를 25g 이상 섭취할 것을 권장한다. 또한 총 지방 섭취량을 전체 에너지 섭취량의 30% 미만(하루 2,000칼로리 기준 66g)으로 줄이고, 첨가당 섭취량은 전체 에너지 섭취량의 10% 미만(2,000칼로리 기준 22g)으로 유지하며, 하루 소금 섭취량은 5g 이하로 제한할 것을 권고한다. 하지만 이런 기준을 실제 생활에서 측정하고 적용하는 것은 쉽지 않다.

2016년에 도입된 영국의 '잇웰가이드'는 식단을 구성할 때 각 식품군을 균형 있게 배치하는 방법을 쉽게 이해할 수 있도록 돕는 실용적인 시각 자료이다. 미국에서는 '마이플레이트'라는 가이드가 비슷한 역할을 하며, 다섯 가지 주요 식품군과 그 상대적인 비율을 한눈에 볼 수 있도록 제시한다.

최근 몇십 년간 초가공식품이
많은 이들의 식단에서
큰 비중을 차지하게 됐다.

하루 실전 가이드

하루아침에 식단을 완전히 바꾸는 것은 현실적으로 어렵고 부담이 클 수 있다. 가장 좋은 방법은 한 번에 한 가지씩 천천히 변화를 주는 것이다. 먼저 각 식품군이 식단에서 차지하는 적절한 비율을 이해하는 것이 첫 단계이다. 그다음 각 식품군에서 적절한 식품을 선택하고 건강한 방식으로 조리하는 것이 중요하다. 직접 장을 보고 요리를 하면 음식에 들어가는 재료를 가장 잘 조절할 수 있다. 마트에서 식품을 고를 때는 영양 성분표를 읽고 칼로리를 계산하는 데 시간이 조금 더 걸리겠지만, 이를 통해 먹는 음식의 성분을 이해하는 것이 가능하다. 마이플레이트와 잇웰가이드는 다양한 식품군의 균형을 맞추는 데 도움을 주며, 영양 요구량을 충족하면서도 건강에 좋지 않은 선택을 줄일 수 있도록 한다. 이 식단 구성 방식은 연령에 따라 필요한 칼로리 차이를 반영하는 데도 유용하다.

다섯 가지 식품군

식품 라벨링

국가마다 식품 라벨링 방식이 다르다. 미국에서는 식품의약국(FDA)이 과거부터 영양 성분 15가지를 의무적으로 표기하도록 요구해 왔다. 여기에 포함된 항목은 총열량, 지방에서 유래한 열량, 총지방, 포화지방, 트랜스지방, 콜레스테롤, 나트륨, 탄수화물, 식이섬유, 당, 단백질, 비타민 A, 비타민 C, 칼슘, 철분 등이다. 하지만 최근 연구를 통해 섭취하는 지방의 총량보다 지방의 종류가 더 중요하다는 점이 밝혀지면서, FDA는 의무 표기 항목에서 '지방에서 유래한 열량'을 제외했다. 또한 비타민 A와 비타민 C 결핍이 현재 거의 발생하지 않는다는 이유로 해당 항목도 삭제했다. 최근에는 제공량과 1회 제공량당 총열량을 더 큰 글씨로 표기하도록 변경했으며, 첨가당과 비타민 D, 칼륨을 새롭게 표시하도록 했다.

작은 글씨 읽기

영양 성분표를 읽는 방법을 아는 것은 우리가 섭취하는 다량영양소와 미량영양소가 무엇인지, 그리고 각 섭취량에 얼마나 포함되어 있는지를 파악하는 데 중요하다. 특히 포화지방 섭취를 줄이거나 소금 섭취를 제한하려는 경우 더욱 유용하다.

식품 포장에는 칼로리와 영양소뿐만 아니라 다양

신호등 라벨링

영국에서는 슈퍼마켓과 일부 식품 제조업체가 포장식품에 신호등 라벨을 추가한다. 초록색은 특정 영양소의 함량이 낮음을, 주황색은 중간 수준을, 빨간색은 높은 함량을 의미한다. 이를 통해 어떤 음식을 피해야 하고, 덜 자주 먹거나 소량만 섭취해야 하는지 쉽게 알 수 있다.

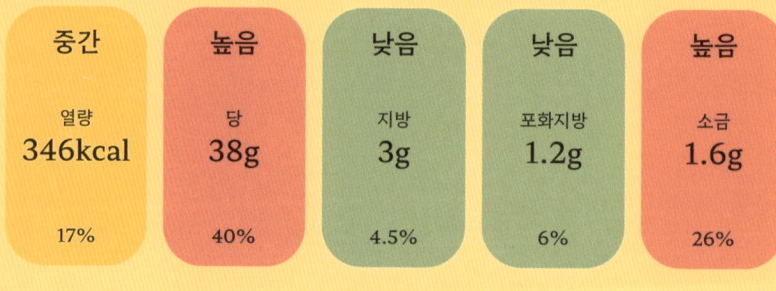

각 1/2팩 제공량당 포함된 영양소

한 라벨이 붙어 있다. 일부 라벨은 유용하지만 그렇지 않은 것도 있다. 예를 들어 미국에서는 계란을 흰자의 점도와 껍데기의 단단함을 기준으로 AA, A, B 등급으로 분류한다. 또한 닭이 사육된 환경을 나타내는 라벨도 있다. '방목'으로 표시된 계란은 바깥 공간에 접근할 수 있는 닭이 낳은 것이고, '목초 방사' 계란은 닭이 자연적인 초지에서 풀을 뜯으며 자란 것을 의미한다. 다만 '목초'의 정확한 기준은 명확하게 정의되어 있지 않다. '케이지 프리'라고 해서 반드시 동물 복지 기준을 충족하는 것은 아니며, '천연'이나 '농장 직송' 같은 표현도 명확한 의미가 없다. 또 '무호르몬'이나 '채식 사료' 같은 표현도 오해의 소지가 있다. 닭은 본래 잡식성 동물이며, 미국과 유럽에서는 가축에게 성장 호르몬을 투여하는 것이 금지되어 있기 때문이다. 유럽연합에서는 가축의 성장 호르몬 사용이 법적으로 금지되어 있다.

'천연 감미료' 같은 표현은 명확한 정의가 없는 경우가 많고, '공정 무역'이나 '비건' 같은 라벨은 제3자 기관에서 인증하는 것이지만, 검증이 어려울 수도 있다. 또한 '미국 농무부(USDA) 유기농 인증' 마크와 단순히 '유기농'이라는 표기가 있는 제품 사이에도 미묘한 차이가 있다. 이런 다양한 라벨이 존재하다 보니 어떤 제품을 선택해야 할지 혼란스러울 때가 많다. 더욱이, 많은 라벨이 정부 기관의 강제적인 규제를 받지 않는다. 미국에서는 여러 연방 기관이 식품을 관리하는데, 이 과정도 꽤 복잡하다. 예를 들어 미국 농무부는 육류, 가금류, 계란 제품을 담당하고, 식품의약국은 그 외 대부분의 식품을 규제하며, 지역 공공 보건 기관은 음식점 등의 영업을 감독한다. 이처럼 여러 기관이 나뉘어 있어 소비자로서는 더욱 혼란스러울 수 있다.

· 소비기한과 유통기한 ·

소비기한은 식품의 안전과 직결되는 중요한 날짜이다. 이 표시는 유통기한이 짧은 육류, 생선, 우유, 신선한 샐러드, 채소류 등에 붙는다. 소비기한이 지난 음식은 절대 먹으면 안 된다.
반면, **유통기한**은 품질과 관련된 표시이며, 건조식품, 통조림, 냉동식품 등에 주로 사용된다. 유통기한이 지나도 해당 음식은 먹을 수 있지만, 맛과 식감 등 품질이 떨어질 수 있다. 다만 계란은 반드시 유통기한 이전에 먹어야 한다.

주방 위생

음식을 어떻게 준비하고 조리하며 보관하는지는
장 건강에 영향을 줄 수 있다.

음식 준비

음식을 조리하는 방법에는 굽기, 오븐 베이킹, 튀기기, 에어프라이어 조리, 훈제, 로스팅, 찌기 등 다양한 방식이 있다. 이 중에는 건강에 더 좋은 방법도 있고, 그렇지 않은 방법도 있다. 연구에 따르면 기름에 튀긴 음식에서 생성되는 부산물이 염증을 유발해 기존의 염증성 질환을 악화시키고 다른 질병의 위험을 높일 수 있다. 특히 '최종당화산물(AGEs)'은 세포 수준에서 산화 스트레스를 유발하며, 당뇨병과 암을 비롯한 여러 건강 문제와 관련이 있다. 이 물질은 인슐린 저항성과 연관될 뿐만 아니라 장내 미생물 다양성을 감소시키고 유익한 대사산물의 생성을 방해할 수 있다. 또한 기름에 튀긴 음식은 튀김옷을 입힌 경우 특히 더 많은 지방을 흡수하게 되어 칼로리가 증가하며, 이는 비만이나 당뇨병이 있는 사람들에게 더욱 좋지 않다. 훈제하거나 직화로 태운 음식도 문제를 일으킬 수 있다. 이러한 조리 방식은 식품을 변형시키고, 체내로 유해한 발암물질을 유입시킬 위험이 있다. 일부 연구에서는 바짝 익힌(웰던) 구운 고기를 먹는 것이 선종성 용종(대장암의 전 단계 병변) 위험을 19% 증가시킬 수 있다고 보고했다. 한편 일부 식품은 익히지 않거나 살짝 찌는 것이 영양소를 더 잘 보존하고, 조리 과정에서 불필요한 기름 사용을 피할 수 있는 좋은 방법이다. 특히 과일과 채소는 가열 없이 먹거나 가볍게 찌는 것이 건강에 더 유익할 수 있다.

손을 씻으세요

손을 최소 20초 동안 씻어야
유해한 세균을 제거할 수 있습니다.

오염 방지

음식을 조리하기 전에 손을 깨끗이 씻고, 생고기를 다른 식재료와 분리하면 오염을 막을 수 있다. 조리 전 위생을 철저히 하면 리스테리아, 살모넬라, 대장균 같은 병원균이 유발하는 식중독을 예방할 수 있다. 미리 세척된 샐러드 채소는 다시 씻지 않는 것이 좋다. 싱크대, 손, 주변 물건과 접촉하면서 오히려 오염될 위험이 있기 때문이다. 식료품 배달이나 밀키트를 받을 때는 판매자의 위생 관리 방법을 이해하고, 포장이 제대로 되어 있는지 확인하며, 직접 수령할 수 있도록 배달 시간을 조정하는 것이 좋다. 냉장 보관이 필요한 제품이 상온에서 장시간 방치되면 쉽게 상할 수 있기 때문이다.

식중독 예방

남은 음식을 제대로 보관하고 데우는 것은 건강을 지키는 데 중요하다. 적절한 냉장 보관과 재가열 여부가 안전한 식사와 식중독을 가르는 요인이 될 수 있다. 음식을 오랫동안 실온에 방치하거나 충분히 가열하지 않으면 세균이 증식하고 독소가 생성되어 식중독을 유발할 수 있다. 특히 국이나 소스류는 끓을 때까지 충분히 가열하는 것이 좋다. 외식할 때도 남은 음식을 집에 가져가려면 곧바로 냉장 보관할 수 있는 경우에만 포장하는 것이 안전하다.

청소

식사 후 뒷정리를 할 때는 적절한 청소 도구와 용품을 사용하는 것이 중요하다. 예를 들어 철사로 된 그릴 브러시는 사용을 권장하지 않는다. 브러시의 털이 그릴에 남아 있을 가능성이 있고, 이것이 음식과 함께 섭취되면 식도에 박혀 응급 상황을 초래할 수 있기 때문이다. 또한 손상된 조리 도구나 청소 도구를 계속 사용하거나, 오래된 도마를 그대로 쓰면 세균과 음식 찌꺼기가 쌓여 건강에 해로운 영향을 미칠 수 있다.

· 위험성이 높은 식품 ·

모든 음식이 식중독을 일으킬 가능성이 있지만, 그중에서도 특히 위험성이 높은 식품들이 있다.

· 날고기, 덜 익힌 고기, 가금류, 계란

· 씻지 않은 생과일과 채소

· 생선회, 조개류 등 익히지 않은 해산물

· 살균하지 않은 우유와 이를 원료로 한 연성 치즈 등 유제품

· 포장된 샐러드를 포함한 잎채소

· 덜 익히거나 생으로 먹는 새싹채소, 예를 들어 알팔파 새싹이나 숙주나물

하루 섬유소 섭취

**섬유소는 우리 몸이 소화할 수 없는
복합 탄수화물이다.**

섬유소는 식물성 식품에 자연적으로 포함되어 있으며, 셀룰로스, 헤미셀룰로스, 펙틴 등의 성분이 있다. 충분한 섬유소를 섭취하면 장운동을 원활하게 하고, 변의 형태를 개선하며, 콜레스테롤 흡수를 줄이는 데도 도움이 된다. 섬유소는 소화효소에 의해 완전히 분해되지 않으며, 대장에서 장내 미생물과 만나 발효 과정을 거친다. 이 발효 정도에 따라 가스가 얼마나 생성되는지가, 그리고 일부 사람들이 경험하는 불편감의 정도가 달라질 수 있다. 문제는 섬유소 섭취로 장 건강을 개선하려는 사람들이 종종 과민대장 증후군과 같은 장 질환을 앓고 있으며, 섬유소가 오히려 증상을 악화시킬 수도 있다는 점이다. 섬유소는 여러 가지 형태로 존재한다. 수용성 섬유소는 물에 녹는 반면, 불용성 섬유소는 물에 녹지 않는다. 대부분의 식품은 이 두 가지 유형의 섬유소를 모두 포함하고 있으며, 수용성 섬유소는 변의 점도를 조절하는 데 도움이 되고, 불용성 섬유소는 변의 부피를 증가시키는 역할을 한다.

두 가지 종류의 섬유소

수용성 섬유소		불용성 섬유소	
아티초크	바나나	현미	씨앗류
마늘	양파	일부 콩류	채소
대두	밀	샐러리	퀴노아

모든 사람은 각기 다른 장내 미생물군을 가지고 있기 때문에 음식에 대한 반응도 다를 수 있다. 만약 복부 팽만감이 문제라면, 먼저 변비나 음식 과민증 같은 다른 원인이 있는지 확인하는 것이 중요하다. 이러한 원인은 다른 방법으로 해결할 수 있기 때문이다. 고섬유질 음식을 완전히 피하기보다는, 어떤 음식이 팽만감, 가스, 복통을 유발하는지 파악하는 것이 좋다. 이렇게 하면 증상을 일으키는 특정 고섬유질 음식을 피하면서도 다른 고섬유질 음식이 제공하는 영양상의 이점을 누릴 수 있다. 과일과 채소를 포함한 많은 복합 탄수화물에는 섬유소뿐만 아니라 장내 미생물 건강에 중요한 역할을 하는 프리바이오틱스도 들어 있다. 이러한 음식을 증상이 두려워서 지나치게 피하면, 장내 미생물군이 프리바이오틱스의 공급원을 잃게 되어 오히려 악순환이 발생할 수 있다.

건강에 도움이 되는 살아 있는 균을 뜻한다. 김치, 사우어크라우트, 콤부차, 미소된장 같은 전통 발효식품과 음료에는 '살아 있는 유익균'이 포함되어 있어 건강에 긍정적인 영향을 줄 수 있다는 일화적 증거가 있다. 하지만, 이러한 프로바이오틱스 효과를 입증하는 과학적 연구는 제한적이다. 일부 발효식품은 가열이나 통조림 처리 과정에서 프로바이오틱스가 비활성화될 수도 있다. 또한 시중에서 다양한 프로바이오틱스 보충제를 구할 수 있지만, 모든 제품이 건강상 이점을 입증한 것은 아니다. 어떤 사람들은 이러한 보충제의 효과를 볼 수 있지만, 그렇지 않은 경우도 있다. 과학적 연구에서는 특정 박테리아의 종과 균주를 다양한 용량으로 임상 환경에서 연구하는데, 이러한 이유로 개인별로 맞춤형 프로바이오틱스 추천을 하기는 어렵다.

프리바이오틱스와 프로바이오틱스의 차이점은 무엇일까?

프리바이오틱스는 주로 소화되지 않는 섬유질로, 대장에서 유익한 세균의 성장을 돕고 활성을 촉진하는 역할을 한다. 이러한 세균은 프리바이오틱스를 발효시키면서 건강에 이로운 짧은사슬지방산을 생성한다. 하지만 모든 식이섬유가 프리바이오틱스를 포함하는 것은 아니다. 프리바이오틱스가 풍부한 자연 식품으로는 생 치커리 뿌리, 생 민들레 잎, 생 리크, 생 아스파라거스, 그리고 인간 모유 등이 있다. 시중의 프리바이오틱스 보충제에는 섬유질 혼합물이나 과일·채소 추출물이 포함된 경우가 많다.

반면 프로바이오틱스는 충분한 양을 섭취했을 때

· 섬유질과 염증성 장 질환 ·

만약 장 협착증이 있고 소화기내과 전문의가 저섬유질 또는 저잔사 식이요법을 따를 것을 권했다면 그 지침을 그대로 따라야 한다. 하지만 협착을 동반하지 않은 염증성 장 질환이 있다면 과일과 채소 섭취 방식을 조정하는 것이 도움이 될 수 있다. 예를 들어 스무디나 수프 형태로 식물성 식품을 섭취하면 증상을 조절하면서도 이점을 누릴 수 있다.

식품 변형

우리의 식품이 변형되거나 합성 첨가물이 추가되는 문제는
많은 논란을 불러일으킨다.
대표적인 사례와 그 장단점을 살펴보자.

유전자 변형 생물(GMO)

사람들은 수 세기 동안 작물을 교배해 왔다. 유전학의 기초를 처음 설명한 그레고르 멘델도 1866년에 두 종류의 완두콩을 교배하면서 유전 법칙을 발견했다. 유전공학 또는 생명공학은 과학적 기술을 활용해 이러한 유전적 변형 과정을 빠르게 진행하도록 돕는다.

이를 통해 작물의 유익한 특성(가뭄 및 제초제 내성, 병충해 저항성)을 선택하여 작물 손실을 줄이고 수확량을 증가시킬 수 있다. GMO 기술을 활용하면 농부들은 농약 사용을 줄이고, 잡초 방지를 위한 경작을 덜 할 수 있어 토양 건강 유지에도 도움이 된다. 대표적인 GMO 작물로는 옥수수, 대두, 감자, 사탕무, 쌀 등이 있다. 그러나 일부 과학자들은 GMO가 환경에 미치는 위험을 경고하기도 한다. 유전자 변형 작물이 주변 생태계의 생물 다양성을 감소시키고, 토착 곤충 및 식물 종에 영향을 미칠 수 있다는 것이다.

유전자 변형(GM) 또는 유전자 변형 생물(GMO) 식품은 유전자 변형 생물에서 개발된 식품을 뜻한다. 식물의 유전자를 조작하면 부패 속도를 늦출 수 있어 GMO 식품의 유통기한이 길어지고, 이에 따라 식품 폐기량을 줄이는 데 도움이 된다. 또한 GMO 작물은 재배가 쉽고 비용이 적게 들기 때문에 GMO 식품은 상대적으로 저렴한 가격에 판매되는 경우가 많다. 영국에서는 GMO 작물을 상업적으로 재배하지 않지만, 일부 식품에는 GMO 성분이 포함될 가능성이 있다. 예를 들어 GMO를 사용하는 해외에서 수입된 가공식품이나, GMO 원재료를 사용한 식품이 해당된다. 현재까지 일부 연구에서는 GMO 식품이 인체 건강에 해로운 영향을 주지 않는다고 보고했지만, 장내 미생물 환경 변화, 면역 반응 유발, 특히 알레르기 위험 증가 등과 같은 건강상의 우려를 제기하는 연구도 있다.

항생제

항생제는 의학 역사에서 가장 중요한 혁신 중 하나로, 과거에는 생명을 위협했던 감염병을 치료할 수 있도록 해 줬다. 하지만 과도한 사용으로 여러 문제가 발생했다. 사람뿐만 아니라 가축 사육에도 항생제가 사용되면서 일부 문제가 불거졌다. 가축에게 항생제를 사용하는 이유는 단순히 질병을 치료하기 위해서만이 아니다. 일부 항생제는 닭과 같은 특정 가축이 빨리 성장하게 하려고 사용되기도 했다. 이에 따라 영국은 2006년부터 생산 목적으로 항생제를 사용하는 것을 금지하고, 질병 치료를 위한 항생제는 수의사의 처방을 의무화했다. 미국도 2017년에 이와 같은 조치를 따랐다.

일부 사람들은 항생제 내성과 같은 문제에 대해

여전히 우려하고 있다. 드물게는 알레르기 반응이 나타나거나, 장내 미생물 생태계가 변화할 가능성도 제기되지만, 이에 대한 명확한 연관성은 밝혀지지 않았다. 반면 미량의 항생제 잔류물이 건강에 실제로 영향을 미치는지에 대해서는 여전히 의문을 제기하는 사람들도 있다. 하지만 오늘날에는 엄격한 규제와 필수적인 검사 절차 덕분에 항생제가 식품 공급망에 유입되는 것은 대부분 차단되고 있다.

L-글루탐산 나트륨(MSG)

MSG는 가공식품, 통조림, 냉동식품 등의 맛을 강화하는 데 사용되는 흔한 식품 첨가물이다. 일부 제조업체는 나트륨 함량을 줄이기 위한 목적으로 MSG를 활용하기도 하는데, 이는 심혈관 질환이 있는 사람들에게 도움이 될 수도 있다. MSG는 식물성 원료를 발효시켜 글루탐산을 만든 후, 여기에 나트륨을 첨가하여 결정 형태로 가공된다. 겉모습은 소금과 유사한 결정 형태를 띤다. 일부 사람들은 MSG에 예민하게 반응하며 두통이나 소화불량 등의 증상을 경험한다고 보고하지만, 이와 관련된 명확한 과학적 근거는 부족하다. 영국, 유럽, 그리고 국제 전문가 위원회는 현재 수준에서 사용되는 MSG가 건강에 위험을 초래하지 않는다고 결론지었다.

식용 색소와 염료

합성 식용 색소는 석유 기반 물질로, 특정 식품에 색을 입히기 위해 사용된다. 영국 식품기준청(FSA)은 식품 색소가 사용되기 전에 안전성을 평가하도록 규제하고 있다. FSA는 식품 첨가물에 대한 과학적 검토를 수행하고, 관련 법률을 시행하며, 문제가 발생할 경우 조치를 취하는 역할을 한다. 일부 색소는 보다 엄격한 규제를 받으며, 사용량에 대한 최대 한도가 정해져 있다. 또한 식품 라벨에 경고 문구를 표기해야 하며, 제조업체들은 대체 색소를 찾도록 권장받고 있다. 합성 색소가 건강에 미치는 영향에 대한 우려도 있다. 특히 과도한 섭취가 알레르기 반응과 관련이 있다는 보고가 있다.

하지만 이러한 색소가 유해하다고 단정할 수는 없더라도, 해당 색소가 포함된 식품 자체가 영양학적 가치가 낮은 경우가 많아 가급적 섭취를 피하는 것이 일반적인 권장 사항이다. 이러한 이유로 일부 제조업체들은 합성 색소 대신 식물, 동물, 광물에서 추출한 천연 색소를 사용하기도 한다.

· **가공식품이란?** ·

가공식품이란 농장에서 수확한 식품이 자연 상태에서 변형된 모든 제품을 의미한다. 예를 들면 냉동 채소도 가공식품에 해당한다. 하지만 모든 가공식품이 동일한 것은 아니다. 일부 식품은 '초가공식품'으로 분류되는데, 이는 여러 단계의 가공 과정을 거쳐 다섯 가지 이상의 성분, 첨가물, 그리고 가정에서 흔히 사용하지 않는 재료가 포함된 경우를 뜻한다.

감미료

설탕 대체 감미료에는 아스파탐, 수크랄로스, 사카린과 같은 합성 감미료뿐만 아니라 스테비아 같은 식물 기반 감미료도 있다. 이러한 감미료는 소량으로도 높은 단맛을 내도록 개발되었다. 감미료는 혈당을 직접 높이지 않고 칼로리를 거의 제공하지 않기 때문에 설탕 대체제로 많이 사용된다. 체중 감량을 원하는 사람들에게 감미료 사용은 도움이 될 수 있다. 하지만 감미료는 영양가가 거의 없는 초가공식품에 자주 포함되며, 일부 연구에서는 감미료가 단맛에 대한 갈망을 더욱 증폭시켜 비만과 같은 질환이 있는 사람들에게 오히려 역효과를 낼 수 있다고 지적한다.

고과당 옥수수 시럽은 20세기 중반에 개발된 감미료로, 옥수수 전분에서 추출한 포도당과 과당으로 만들어진다. 일반 설탕보다 제조 비용이 저렴하고 쉽게 생산할 수 있어 다양한 가공식품과 음료에 사용된다. 그러나 간에 지방이 축적되는 문제와의 연관성이 제기되면서, 일부 식품 제조업체와 레스토랑에서는 고과당 옥수수 시럽 사용을 줄이거나 제품에서 제외하는 추세다.

보존제

보존제는 음식이 부패하는 것을 막기 위해 사용하는 물질이다. 질산염, 벤조산염 같은 일부 보존제는 항균 작용을 통해 박테리아에 의한 변질을 방지하며, 다른 보존제는 산화 방지제 역할을 하여 지방이 산패되는 것을 막는다. 보존제에 대한 우려는 국가별로 차이가 있으며, 그 필요성과 위험성에 대한 인식도 다르다. 예를 들어 일부 개발도상국에서는 식량 부족 문제를 해결하기 위해 보존제 사용이 필수적이기도 하다.

질산염

질산염(NO_3)은 질소와 산소 원자로 구성된 화합물로, 우리 몸과 짙은 녹색 잎채소에서 자연적으로 발견된다. 질산염은 박테리아 증식을 억제하고, 풍미를 더하며, 육류의 붉은색을 유지하는 역할을 하기 때문에 햄, 베이컨, 델리미트 같은 가공육, 생선 등의 식품에 첨가된다. 질산염은 장내 박테리아와 효소에 의해 아질산염(NO_2)으로 변환되며, 아질산염은 육류 속 아민과 반응해 니트로사민을 형성할 수 있다. 니트로사민은 잠재적인 발암물질로 알려져 있어, 질산염을 사용한 가공육에 대한 우려가 커지고 있다. 일부 연구에서는 고온에서 조리할수록 니트로사민 생성이 증가한다는 결과가 나왔다. 이러한 연구 결과에 따라 일부 국가에서는 식품 생산 과정에서 질산염 사용을 줄이려는 움직임을 보이고 있다. 또한 가공육은 질산염뿐만 아니라 높은 나트륨 함량과 기타 첨가물에 대한 우려도 있다. 반면 잎채소에 포함된 질산염은 니트로사민 생성을 억제하는 항산화 물질과 다른 유익한 성분을 함유하고 있어, 심혈관 건강에 긍정적인 영향을 미칠 수 있다.

식물성 대체육

대두, 완두콩, 밀에서 추출한 성분으로 만들어지며, 고기의 대체 식품으로 시장에서 인기를 얻고 있다. 이러한 제품은 환경 보호와 동물 복지 측면에서 긍정적인 영향을 미칠 수 있지만 건강상의 이점에 대해서는 논란이 있다. 붉은 고기 섭취를 줄이는 것이 권장되는 것은 사실이지만, 시중의 식물성 대체육은 고도로 가공된 경우가 많고, 첨가당, 색소, 증량제 등이 포함되어 있을 수 있다. 만약 가공식품 섭취를 줄이면서도 식물성 식단을 유지하고 싶다면, 두부, 템페, 콩류, 곡물, 버섯 등이 더 건강한 대안이 될 수 있다. 이러한 식재료는 고기와 유사한 식감과 풍미를 제공하면서도 건강에 이로운 성분을 함유하고 있다.

감미료는
영양가가 거의 없는 초가공식품에
자주 포함된다.

몸을 움직이자

운동이 장내 미생물군에 긍정적인 영향을 줄 수 있다는
연구 결과가 점점 늘어나고 있다.

일부 연구에서는 식단과 무관하게 운동을 하면 장내 미생물군의 구성이 변하면서 유익한 균이 더 우세해질 가능성이 있다고 보고한다. 특히, 어떤 연구에서는 운동이 단쇄 지방산의 생성을 증가시키는 것으로 나타났다. 이 단쇄 지방산에는 항염증 효과가 있어 여러 소화기 질환에 도움이 될 수 있다.

운동이 인생의 각 단계에서 장내 미생물군에 미치는 영향이 다를 수 있다는 연구도 있다. 일부 동물 실험에서는 어린 시절 운동이 장내 미생물군의 구성에 더 큰 영향을 줄 수 있다는 결과가 나왔다. 이는 야외 활동을 통한 흙과의 접촉이 초기 장내 미생물 다양성에 변화를 일으킬 수 있기 때문이라는 가설도 제기된다. 또한 장과 뇌의 연결이 활발히 연구되면서, 운동이 장내 미생물군에 미치는 변화가 정신 건강에도 영향을 줄 수 있다는 가능성이 제기되고 있다. 일부 과학자들은 장내 미생물이 신경전달물질 대사를 통해 운동에 대한 동기부여에 영향을 미칠 수도 있다고 주장한다. 예를 들어 특정 미생물이 도파민 수치를 조절하여 보상과 동기부여를 담당하는 뇌 영역을 활성화할 가능성이 있다는 것이다.

운동은 장 외 다른 소화기관에도 이점을 준다. 대표적으로 췌장에도 긍정적인 영향을 미칠 수 있으며, 특히 당뇨 환자에게 도움이 될 가능성이 있다. 운동이 췌장에 미치는 영향에는 혈류 변화, 췌장 세포 자극, 그리고 인슐린, 글루카곤, 소마토스타틴과 같은 호르몬 분비 촉진이 포함된다. 또한 유산소 운동과 무산소 저항 운동 모두 간의 지방 함량을 개선하는 것으로 밝혀졌다. 일반적으로 운동은 지방간 질환의 진행 속도를 늦추는 데 도움이 되는 것으로 보인다. 다만 이 질환의 진행을 늦추기 위해 정확히 얼마나 많은 운동이 필요한지는 아직 명확하지 않다. 영국 NHS는 비알코올성 지방간 질환 환자들에게 주당 최소 150분간 중등도 강도의 운동을 할 것을 권장한다.

다른 극단적인 사례로, 신체 활동이 장의 통과 시간과 어떻게 연관되는지 병원에 입원해 침대에만 누워 있는 환자들을 통해 알 수 있다. 특히 수술 후 마

· **급하게 화장실 찾기** ·

운동과 장 건강의 관계는 운동선수들을 통해 확연히 드러난다. 예를 들어 '러너 설사'는 장이 과도하게 자극되어 발생하는 증상으로, 특히 장 운동성이 증가하고 특정 장 부위로 가는 혈류가 줄어들면서 장에 염증과 출혈이 생기는 것이 원인이다. 이 증상은 운동 강도를 줄이면 자연스럽게 해소된다.

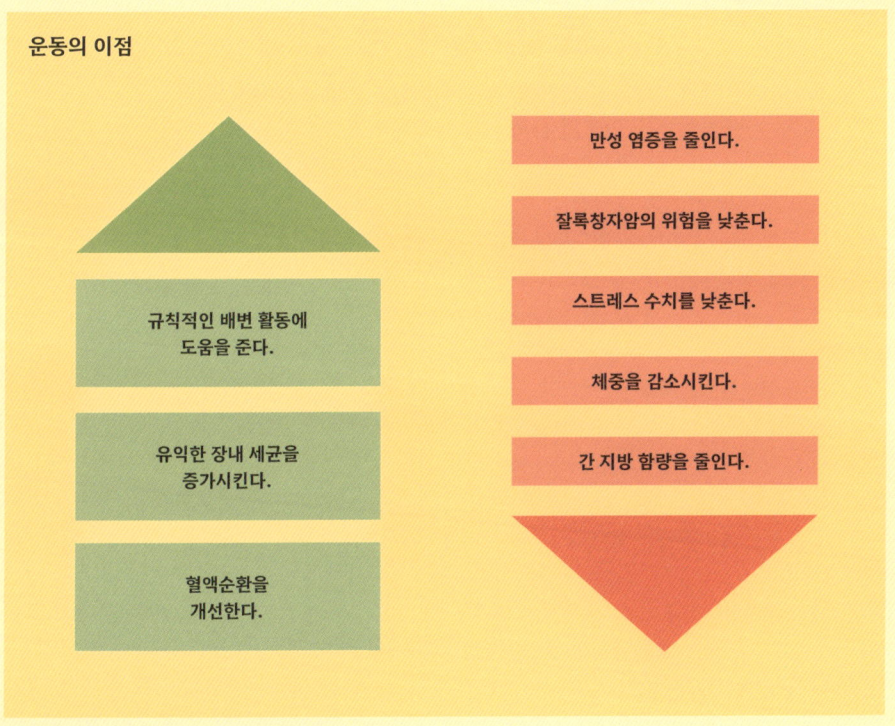

약성 진통제를 복용하는 환자의 경우, 장운동이 더욱 느려져 변비 발생률이 훨씬 높아진다. 이런 이유로 병원에서는 간호사가 환자의 자세를 정기적으로 바꾸도록 지시받는 경우가 있는데, 이는 배변을 촉진하기 위한 조치다.

한편 적당한 강도의 운동을 하면 장 통과 시간이 단축되어 장내 독소가 빠르게 배출될 수 있다. 덕분에 독소가 장 점막에 오래 머무르는 시간이 줄어든다. 이처럼 신체 활동과 장의 움직임 간의 관계가 밝혀졌을 뿐만 아니라, 운동은 대장암을 포함한 다양한 암과 심혈관 질환에도 긍정적인 영향을 미치는 것으로 나타났다.

스트레스와 장 건강

스트레스는 다양한 소화기 문제를 유발할 수 있으며,
기존의 장 질환을 악화시키기도 한다.

'장-뇌 축'은 장과 뇌 사이에서 양방향으로 이루어지는 신경 신호 전달 과정을 의미하며, 특히 장내 미생물이 이 상호작용에 미치는 영향을 설명하는 개념이다. 감정적 스트레스는 걱정, 좌절, 슬픔, 두려움과 같은 감정을 동반하는 정상적인 반응으로, 누구나 어려운 상황에서 한 번쯤 경험할 수 있다. 하지만 이러한 정신적 상태가 지나치게 심하거나 만성화되어 일상생활에 지장을 줄 정도라면, 범불안장애나 강박장애와 같은 특정 정신 질환이 개입되었을 가능성이 있다.

감정적 스트레스가 장내 미생물과 어떻게 연관되는지에 대한 연구는 많은 과학자들의 관심을 받고 있다. 만성적인 감정적 스트레스가 염증성 장 질환의 증상 악화와 관련이 있다는 사실은 이미 알려져 있었지만, 최근에서야 스트레스가 단순히 증상을 악화시키는 것뿐만 아니라 장 염증까지 유발하는 구체적인 기전이 밝혀지고 있다. 2023년 한 연구에서는 염증성 장 질환이 있는 동물의 경우 신경을 지지하는 교세포가 뇌에서 오는 스트레스 신호를 전달하여 장내 염증을 유발한다는 사실이 확인되었다. 이 연구에서는 코르티솔과 같은 글루코코르티코이드 수치가 만성적으로 상승하면 백혈구가 장으로 끌려가 염증을 증가시키는 것으로 나타났다. 또한 장신경계의 신경 세포가 정상적으로 기능하지 않으면서 염증성 장 질환 증상이 악화되었다.

주요우울장애나 불안장애와 같은 정신 질환의 원

· 싸울까, 도망칠까? ·

우리 몸은 스트레스에 반응할 때 아드레날린과 세로토닌 같은 신경전달물질을 분비한다. 특히 '투쟁-도피 반응'이 일어나는 급박한 상황에서 이러한 반응이 가장 두드러진다. 이 신경전달물질들은 심장 박동을 빠르게 만들고, 장의 움직임을 포함한 여러 소화 기능에도 영향을 미친다. 예를 들어 어떤 사람들은 긴장하거나 스트레스를 받을 때 갑자기 화장실에 가고 싶은 충동을 느끼는 '긴장성 설사'를 경험하기도 한다. 심지어 극도의 공포 상황에서 바지를 적시는 경우도 있다. 기존 연구에 따르면, 장-뇌 상호작용이 장기적인 스트레스로 인해 변화하면서 과민대장증후군 같은 질환에서 증상을 더욱 악화시키는 역할을 할 수 있다고 한다.

인은 아직 명확히 밝혀지지 않았으며, 장내 미생물 변화가 그 원인 중 하나로 연구되고 있다. 일부 연구에서는 특정 장내 세균이 더 많거나 적게 존재함에 따라 부티르산, 글루탐산 등의 대사산물 생산이 달라지고, 이로 인해 신경전달물질 대사가 영향을 받아 우울증이나 불안 같은 정신 질환에 관여할 가능성이 있다고 본다. 하지만 장내 미생물만으로 이러한 질환의 존재를 정확히 예측할 수 있는 것은 아니다. 또한 연령이나 지리적 요인이 정신 질환과 관련된 장내 미생물에 어떤 영향을 미치는지도 충분히 밝혀지지 않았다. 일부 연구자들은 정신 질환 치료제(정신 작용제)가 장내 미생물에 미치는 영향 또는 장내 미생물이 약물의 효과에 미치는 영향을 연구하고 있다. 아직 이 관계는 명확하지 않지만, 개인별 장내 미생물 차이가 약물 대사에 영향을 미쳐 치료 효과에 차이를 만들거나, 반대로 약물이 장내 미생물의 기능을 변화시킬 가능성이 있다는 점에서 중요한 연구 주제로 떠오르고 있다.

뇌의 변화

스트레스, 유전, 성장 과정에서의 환경이 장-뇌 축에 영향을 미칠 수 있으며, 이는 장의 기능에도 영향을 준다. 만성적이고 장기적인 스트레스에 노출되면 뇌의 구조와 기능이 변화할 수 있고, 이는 과민대장증후군과 같은 질환에서 증상을 경험하는 방식에도 영향을 줄 수 있다.

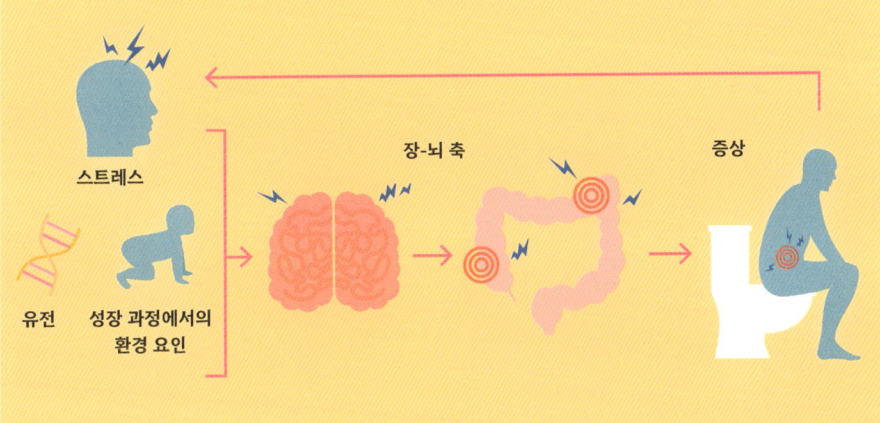

일부 연구에서는 스트레스가 장내 미생물에 미치는 영향을 조사했다. 이러한 연구 중 일부는 태아기, 유아기, 만성 스트레스 등 다양한 스트레스의 원인에 초점을 맞추어 동물 및 인간을 대상으로 진행되었으며, 그 결과 장내 미생물 구성의 변화가 관찰되었다. 일부 연구에서는 이러한 변화를 염증 반응(예: 사이토카인 수치 변화)과 연관 짓기도 했다. 하지만 이러한 결과는 아직 확실하지 않으며, 특히 인간을 대상으로 한 연구에서는 결론을 내리기 어렵다. 보다 명확한 증거가 축적된다면, 다음 단계로는 식단을 조절하여 장내 미생물에 영향을 미침으로써 스트레스의 영향을 완화할 방법을 찾는 것이 될 것이다.

또한 동물과 인간을 대상으로 한 일부 연구에서는 스트레스가 세대를 거쳐 장내 미생물에 영향을 미칠 가능성을 제시했다. 임신 중 특정 시기의 모체 스트레스가 신생아의 장내 미생물 다양성을 감소시킨다는 연구도 있다. 하지만 이러한 변화가 이후 염증 반응을 유발하거나 장기적인 영향을 미치는지는 아직 명확하지 않다.

스트레스와 장 염증의 관계는 장-뇌 축이 쌍방향으로 작용하기 때문에 복잡하다. 장에서 발생한 염증이 다시 뇌에 신호를 보내면서 불안과 우울과 유사한 반응을 유발할 수도 있다. 실제로 연구에 따르면, 염증성 장 질환이 활성화된 환자는 비활성 상태의 환자보다 불안과 우울을 더 많이 경험하는 경향이 있다. 장과 뇌의 이러한 관계를 이해하면, 환자들이 자신의 증상에 대해 보다 유기적인 설명을 통해 적절한 대처 방법을 찾는 데 도움이 될 수 있다.

정신건강에는 여러 요인이 영향을 미치지만, 장이 이 복잡한 과정에서 중요한 역할을 할 가능성이 있다. 장내 미생물을 조절하여 다양한 질환을 예방하고 치료할 수 있는 맞춤형 전략과 약물이 개발될 수 있기를 기대하는 이유도 여기에 있다.

임신 중 특정 시기의 모체 스트레스가 신생아의 장내 미생물 다양성을 감소시킨다는 연구도 있다.

아기, 어린이, 청소년

소아 소화기학은 아기, 어린이, 청소년의 위장관 질환을
전문적으로 다루는 분야다.

일부 아기와 어린이는 태아 발달 과정에서 장이 정상적으로 형성되지 않는 선천적 기형을 가지고 태어난다. 이러한 기형 중 일부는 장에 국한되지만, 다운 증후군과 같은 전반적인 발달 증후군의 일부로 나타나기도 한다. 장기의 비정상적인 발달은 심각한 영향을 미칠 수 있으며, 수술적 교정이 필요할 수도 있다. 선천적 기형은 구조적 이상(장기의 형태적 문제)과 기능적 이상(장기의 작용 문제)으로 나눌 수 있다. 예를 들어 식도 폐쇄증(식도 폐쇄 기형)은 구조적 이상으로, 식도가 기도로 연결되어 있어 삼킨 액체가 폐로 들어가 폐렴을 유발할 위험이 있다. 반면, 허쉬스프룽병은 기능적 이상으로, 대장의 일부에 신경세포가 없어 변을 제대로 배출하지 못해 심각한 변비와 장 확장이 발생한다. 이러한 질환은 출생 후 며칠 내에 영향을 받은 대장 부위를 제거하는 수술이 필요할 수도 있다.

생후 첫 몇 년 동안 어린이는 자신의 불편함을 정확히 표현하지 못해 소화기 문제가 예상치 못한 방식으로 나타날 수 있다. 예를 들어 변비가 있는 어린이는 과민한 행동을 보이거나 변을 지리는 증상을 나타낼 수 있다. 또한 영아 위식도역류질환이 있는 아기의 경우, 일반적으로 연관된 증상인 위 내용물 역류(토)를 보이지 않을 수도 있다. 대신 성장 부진이나 과민한 행동과 같은 형태로 나타날 수 있다. 특히 신생아와 영아에게서 위식도 역류를 진단하는 것은 쉽지 않다. 이는 역류(토)가 이 시기의 정상적인 생리적 현상일 수 있기 때문이다.

어린이는
자신의 불편함을 정확히 표현하지 못해
소화기 문제가 예상치 못한 방식으로
나타날 수 있다.

과학자들은 모유 수유가 초기 장내 미생물군 발달에 어떤 영향을 미치는지도 밝혀냈다. 모유를 먹는 아기와 분유를 먹는 아기의 장내 미생물 구성을 비교한 연구에서는 모유 수유를 받은 아기의 장내 세균 다양성이 더 높은 것으로 나타났다. 또한 미생물은 피부에도 존재하며 피부 접촉을 통해 전달되기 때문에 직접 모유를 먹는 아기와 유축한 모유를 먹는 아기 사이에도 차이가 있을 수 있다.

청소년

청소년기는 그 자체로도 충분히 힘든 시기인데, 여기에 소화기 질환까지 겹치면 더욱 어려울 수 있다. 특히 사춘기에는 일부 소화기 질환이 처음으로 나타날 수 있는데, 이로 인해 진단을 받고 치료를 받는 과정에서 삶의 질이 크게 영향을 받을 수 있다. 어린 시절이나 청소년기에 진단되는 대표적인 질환으로는 셀리악병, 호산구성 식도염, 염증성 장 질환, 식품 알레르기 및 불내증 등이 있다. 이러한 질환의 증상은 질환 자체뿐만 아니라, 사춘기라는 민감한 시기에 이를 겪으며 느끼는 스트레스와 불안으로 인해 더욱 심해질 수 있다. 이를 극복하는 방법 중 하나로 이러한 어려움이 있다는 사실을 인정하는 것이 부모와 자녀 간 건강한 대화를 시작하는 첫걸음이 될 수 있다.

청소년기에는 장에도 변화가 일어날 수 있다. 친구들의 영향, 소셜 미디어, 그리고 불규칙한 수면 습관, 전자담배 사용, 약물 오남용 같은 건강에 해로운 습관이 더해지면, 신체가 성인으로 변화하는 과정에서 추가적인 부담이 될 수 있다.

사춘기와 성호르몬이 장내 미생물군에 미치는 영향(또는 그 반대)이 정확히 어떻게 이루어지는지는 아직 명확하게 밝혀지지 않았다. 특히 장과 월경 시작 사이의 관계에 대해서는 알려진 바가 더 적다. 경험적으로 일부 청소년은 생리 주기에 따라 메스꺼움, 구토, 배변 습관 변화 등의 증상을 겪기도 하는데, 이는 장과 생식 시스템이 다른 방식으로도 연결되어 있을 가능성을 시사한다.

체중과 건강한 식습관에 대한 논의도 청소년들에게는 민감한 주제다. 이 시기에는 음식 선택에 대한 자율성이 커지면서 또래와 사회적 압박 속에서 균형을 잡아야 하는 상황에 놓이게 된다. 따라서 아이들이 장보기나 식단 계획 같은 과정에 직접 참여하도록 하면 건강한 습관을 조기에 형성하는 데 도움이 될 수 있다.

자궁과 소화기관

자궁과 소화기관은 단순히 서로 가까운 위치에 있을 뿐만 아니라, 호르몬과 신경계의 영향을 받는다는 공통점이 있다.

자궁내막증

자궁내막증은 자궁 내막을 이루는 세포가 자궁 바깥에 자리 잡는 질환이다. 정상적인 월경 과정에서는 자궁 내막이 탈락하면서 질을 통해 배출된다. 하지만 일부 내막 세포가 반대 방향으로 이동해 복강 내로 들어가 장의 외벽이나 다른 장기에 붙을 수 있다. 이 세포들은 월경 주기에 따라 계속 활성 상태를 유지하며 출혈을 일으킨다. 자궁내막증은 변비, 생리통, 배변 시 통증, 메스꺼움, 구토, 설사, 곧창자 출혈, 반복적인 유산과 같은 증상을 동반할 수 있다. 통증은 자궁내막증 병변이 신경을 자극하거나, 장

이동하는 조직

자궁내막증은 자궁 내막에서 유래한 비정상적인 조직이 자궁 바깥, 특히 장 주변을 포함한 다양한 부위에서 자라는 질환이다. 이러한 조직이 자리 잡으면 복통, 장 출혈 등의 증상을 유발할 수 있다.

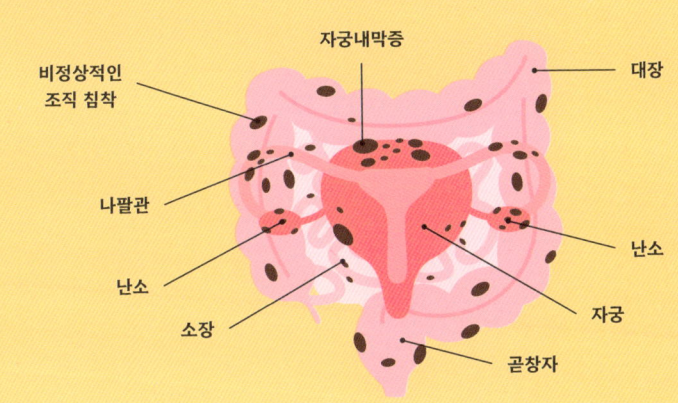

내부에서 출혈이 발생하는 경우, 또는 염증 반응으로 발생할 수 있다.

자궁내막증은 진단이 어려운 경우가 많다. 때때로 영상 검사로 확인할 수 있지만, 일부 경우에는 복강 내를 직접 살펴보는 수술이 필요할 수도 있다. 치료로는 자궁내막 세포의 증식을 조절하기 위해 경구 피임약(호르몬제)이 사용되기도 한다.

월경

생리 주기 동안 복통이나 메스꺼움, 복부 팽만감, 설사 같은 소화기 증상을 겪는 것은 흔한 일이다. 특히 과민대장증후군이 있는 경우, 이러한 증상이 더욱 자주 나타나거나 심하게 느껴질 수 있다. 생리 주기를 조절하는 일부 호르몬이 장의 증상에도 영향을 줄 수 있다. 예를 들어 염증 반응과 관련된 프로스타글란딘은 자궁내막 세포가 파괴될 때 다량으로 분비되는데, 이는 장 근육을 자극해 배변을 느슨하게 만들 수 있다. 반면, 배란 직후 프로게스테론 수치가 급격히 증가하면 장의 운동이 느려지면서 변비가 생길 수도 있다.

임신

임신 중에는 메스꺼움, 구토, 위식도역류질환, 변비 같은 소화기 증상이 더 흔하게 나타난다. 이는 호르몬 변화와 점점 커지는 자궁이 태아를 품으면서 장기를 압박하기 때문일 수 있다. 메스꺼움과 구토는 가장 흔한 증상으로, 임신한 여성의 최대 80%가 경험하며 보통 임신 4~6주 차에 시작되어 8~12주 차에 가장 심해진다. 대부분의 경우 약물치료가 필요하지 않지만, 첫 번째 치료제로 항히스타민제 수용체 차단제인 프로메타진이 사용될 수 있으며, 태아에 대한 부작용은 보고되지 않았다. 위식도역류질환은 임신부의 40~85%에서 발생하며, 야식을 피하고 수면 시 상체를 높이는 등의 생활 습관 개선이 도움 될 수 있다. 1차 치료제로는 제산제가 사용되며, 이후 H2 차단제가 처방될 수 있다. 과거에는 양성자 펌프 억제제의 임신 중 안전성에 대한 우려가 있었으나, 여러 연구에서 태아 독성과 관련된 문제가 없다는 점이 입증되었다.

악성임신구토는 심한 메스꺼움과 구토가 동반되는 상태로, 체중 감소, 탈수, 전해질 불균형이 발생할 수 있다. 이는 임신 중 호르몬 변화와 관련이 있는 것

임신 중에는
메스꺼움, 구토, 위식도역류질환, 변비 같은
소화기 증상이 더 흔하게 나타난다.

으로 추정되며, 치료로는 정맥 수액 공급, 비타민 보충, 항구토제가 사용된다.

임신 중에는 여러 가지 간 질환이 발생할 수 있다. 임신성 간내 쓸개즙정체증은 호르몬 변화로 인해 쓸개즙 배출이 원활하지 않아 생기는 질환이다. 임신 후기에 쓸개즙산 수치가 증가하면서 피부가 가렵거나 황달이 나타날 수 있다. 산모에게는 비교적 양성 질환이지만, 태아에게 위험할 수 있어 보통 임신 37주까지 분만을 권장한다.

간 기능 변화는 임신중독증(고혈압과 단백뇨를 동반하는 상태)이나 자간증(발작이 동반되는 경우)과 함께 나타날 수도 있다. 이러한 질환은 전체 임신의 2~8%에서 발생하며, 혈액순환 변화로 인해 간 기능 이상과 간세포 괴사가 일어날 수 있다. 하지만 간을 직접 치료하는 특별한 치료법은 필요하지 않은 경우가 많다. 심한 임신중독증이 있는 여성의 5~10%에서는 생명을 위협할 수 있는 헬프 증후군(용혈, 간 효소 상승, 혈소판 감소)이 발생할 수 있다. 이 질환은 메스꺼움, 구토, 오른쪽 윗배 통증뿐만 아니라 심한 출혈과 응고 장애를 유발할 수 있다. 헬프 증후군으로 인한 급성 간부전은 드물지만, 간 이식이 필요할 수도 있다. 임신 말기에는 임신성 급성 지방간이 발생할 수도 있는데, 이는 태아와 산모의 혈류에 장쇄 지방산이 비정상적으로 축적되는 질환이다. 생명을 위협할 수 있어 응급 분만과 집중 치료가 필요하다.

출산 후에는 골반바닥 기능 장애가 흔하게 나타날 수 있으며, 약해진 골반바닥 근육이 변실금이나 곧창자탈출증의 위험을 높일 수 있다. 케겔 운동을 하면 도움이 될 수 있지만, 경우에 따라 골반바닥 물리치료 전문의의 평가를 받아 적절한 치료법을 찾아야 한다.

폐경

폐경은 생리가 끝나는 시기로, 이와 함께 성호르몬 수치도 감소한다. 이러한 호르몬 변화가 장 건강에 미치는 영향에 대해서는 아직 밝혀진 바가 많지 않다. 일부 연구에서는 과민대장증후군을 가진 경우, 폐경 후 증상이 악화될 수 있다고 보고하고 있다. 이는 프로게스테론과 에스트라디올 수치가 낮아지면서 신경계가 영향을 받고 통증을 느끼는 방식이 달라지기 때문일 가능성이 있다. 또한 성호르몬 감소가 장내 미생물군에 미치는 영향도 연구되고 있는 분야다. 일부 연구에서는 폐경 후 장내 미생물의 다양성이 전반적으로 낮아진다고 보고했지만, 이것이 장 점막이나 장 기능, 또는 장 증상에 어떤 영향을 미치는지는 명확하지 않다. 또한 폐경과 관련된 호르몬 치료가 장내 미생물에 변화를 일으키는지도 아직 확실하지 않다.

자궁근종이나 암으로 인해 자궁을 제거하는 자궁절제술을 받은 경우, 수술 후 변실금과 같은 위장관 합병증이 발생할 수도 있다. 하지만 이러한 증상이 발생하는 명확한 원인은 아직 밝혀지지 않았다.

노인층

나이가 들면서 암이나 간경화와 같은
만성적인 위장관 질환이 점점 더 흔해지고 있다.

평균 수명이 계속 증가하면서, 노인은 전 세계에서 가장 빠르게 증가하는 연령층이 되고 있다. 일부 과학자들은 나이가 들수록 장의 일부 기능이 저하된다는 가설을 세우고 있지만, 이를 뒷받침하는 증거는 아직 충분하지 않다. 하지만 이 연령대에서 위식도역류질환과 변비의 발생률이 더 높다는 것은 비교적 확실한 사실이다.

치아 및 구강 문제

나이가 들수록 치아 건강 문제가 더 흔해진다. 맞지 않는 치과 보철물로 인한 구강 손상과 부실한 치아 건강은 영양 상태에도 영향을 미칠 수 있으며, 실제로 노인층에서 영양 결핍 비율이 높게 나타난다. 또한 미각의 변화는 식욕과 영양 섭취에 영향을 줄 수 있다. 뇌졸중이나 파킨슨병과 같은 신경학적 질환도 삼키는 능력을 저하시킬 수 있다. 침 분비량이 줄어들고 약물 복용이 증가하면서 입이 마르는 증상이 흔해진다. 특히 노인들은 매일 복용하는 약의 개수가 많아지면서 '알약 유발성 식도염'에 걸릴 위험이 크다. 이는 알약이 식도에 걸려 염증을 유발하는 현상이다. 또한 '노인성 식도'라는 용어는 나이가 들면서 식도에 생기는 변화를 포괄적으로 설명하는 개념으로, 이는 노인이 알약 식도염, 위식도역류질환, 운동 장애에 더 취약해지는 원인이 될 수 있다.

약물

노인이 여러 가지 약을 처방받을 경우, 위장관 관련 부작용이 더 많이 발생할 수 있다. 특히 약물로 인한 간 손상 위험이 커질 수 있는데, 이는 노인들이 기분 장애나 기억력 저하를 겪으며 처방대로 약을 복용하지 못할 가능성이 크기 때문이다. 또한 혈전 예방을 위해 널리 처방되는 항응고제(혈액 희석제)를 복용하면 위장관 출혈 위험이 증가할 수 있다. 심방세동이나 심근경색 후 삽입한 심장 스텐트 등 다양한 심혈관 질환을 치료하는 과정에서 항응고제를 사용하게 되는데, 이로 인해 위장관 출혈이 더욱 흔하게 발생할 수 있다. 심혈관 질환의 유병률이 높은 노인들은 소화기 건강에도 영향을 받을 수 있다. 장간막 허혈증은 노인들에게 더 흔한 질환으로, 장으로 가는 혈류를 공급하는 동맥이 막히면서 장으로 가는 혈액순환이 원활하지 않아 발생한다.

변비 및 장 운동성

변비는 나이가 들수록 증가하는 경향이 있다. 마약성 진통제나 칼슘통로 차단제와 같은 약물 복용, 갑상샘 기능 저하증 같은 동반 질환, 신체 활동 감소, 장 기능 저하 등이 주요 원인이다. 장기간 지속된 변비는 대장에 게실(장기의 벽이 약해지며 주머니처럼 볼록하게 돌출해 생기는 빈 공간) 질환이 생길 위험을 높이며, 이에 따라 게실염이나 게실 출혈 같은 합병증이 발생할 수도 있다. 또한 골반 근육 기능이 저하되고 곧창자의 감각이 둔해지면서 노인층에서 변실금도 흔하게 나타난다. 변실금은 크게 세 가지 유형으로 나뉜다. 첫째, 수동 변실금은 의도치 않게 변이나 가스가 배출되는 경우를 말한다. 둘째, 긴박성 변실금은 변을 참으려 해도 조절이 되지 않아 발생하는 경우다. 마지막으로 변 누출(변 잔류)은 정상적인 배변 후에도 변이 조금씩 흘러나오는 경우를 의미한다.

감염

나이가 들수록 클로스트리디오이데스 디피실리균 감염에 걸릴 위험이 커진다. 이 감염은 항생제를 복용한 후 발생할 수 있는 설사 질환으로, 병원이나 요양 시설과 관련이 깊다. 젊은 층에 비해 노인의 입원율은 현저히 높은 편이다. 65세 이상에서는 약 4배, 85세 이상에서는 약 10배 더 높게 나타난다.

암

영국에서 암 진단을 받는 평균 연령은 남성이 68세, 여성은 72세이다. 대장암 사망률은 1970년대 초반 이후 45% 감소했으며, 2023년부터 2025년까지 추가로 10% 더 감소할 것으로 예상된다. 이러한 감소의 주요 요인은 조기 발견과 영국의 대장암 검진 프로그램 덕분이다. 영국에서는 60~74세 남녀를 대상으로 2년마다 대장암 검진을 제공하고 있다. 나이가 들수록 대장암 위험은 증가하지만, 조기 발견과 치료가 가능해지면서 진단 건수와 사망률은 꾸준히 감소하고 있다.

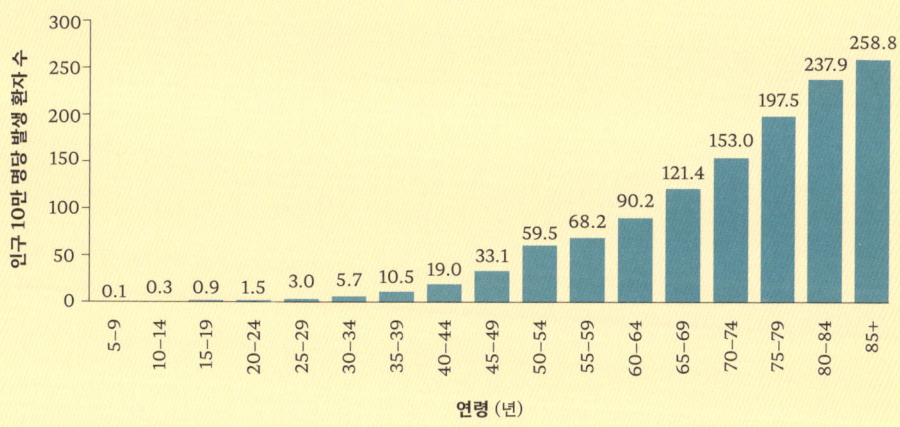

연령별 대장암 발생률 (미국, 2012~2016년)

생활 습관 점검

건강한 장을 유지하려면
지금의 식습관과 생활 습관을 돌아보고
개선할 수 있는 점이 있는지 생각해 보자.

 식단

- 균형 잡힌 다양한 통식품 위주의 식단을 유지하는 것이 중요하다. 이렇게 하면 장 기능에 필요한 다량 영양소와 미량영양소를 충분히 섭취할 수 있다. 각국의 보건 시스템에서는 건강한 식단을 위한 다양한 무료 정보를 제공한다.

- 모든 것은 적당히! 가끔씩 먹는 적색육, 케이크, 과자류는 소량 섭취한다면 식단에 포함될 수 있다.

- 특정 장 질환(예: 과민대장증후군, 셀리악병)이 있거나 체중 감량 같은 목표가 있다면 영양사와 상담해 맞춤형 식단을 계획하는 것이 좋다.

- 일부 사람들에게는 비타민이나 미네랄 보충제가 필요할 수도 있다. 담당 의사와 상담해 필요한 검사를 받고 영양 상태를 확인하는 것이 도움이 된다.

 알코올, 흡연, 기호용 약물

- 음주와 흡연은 식도, 위, 간 같은 장기에 해를 끼칠 뿐만 아니라 특정 소화기 암 발병 위험을 높일 수 있다. 또한 크론병이나 만성 췌장염 같은 기존 질환의 증상을 악화시킬 수도 있다.

- 코카인은 장으로 가는 혈류를 감소시켜 장 조직 괴사(허혈)를 유발할 수 있다.

- 전자담배 역시 장벽을 손상시키는 화학물질을 생성하고 염증을 유발할 가능성이 있다.

💧 수분 섭취

- 잇웰가이드에 따르면 하루에 6~8잔의 수분을 섭취하는 것이 좋다. 하지만 임신 중이거나, 수유 중이거나, 더운 환경에서 생활하거나 일하는 경우, 땀을 많이 흘리는 경우, 운동을 하거나 질병에서 회복 중인 경우에는 더 많은 수분이 필요할 수 있다.

- 물을 마시는 것이 가장 좋은 방법이지만, 과일과 채소를 섭취하는 것도 수분 보충에 도움이 된다. 반면, 설탕이 많이 들어간 음료나 카페인 함량이 높은 음료는 오히려 탈수를 유발할 수 있다.

- 소변 색깔이 수분 섭취 상태를 확인하는 좋은 지표가 될 수 있다. 소변 색이 짙을수록 탈수 상태일 가능성이 높다.

수면

- 수면 패턴의 변화는 장내 미생물 균형에 영향을 미쳐 미생물 다양성을 감소시키고 면역체계에 변화를 일으킬 수 있다.

- 2023년 연구에 따르면 평일과 주말의 수면 시간이 90분만 차이 나도 장내 미생물 구성에 변화가 생기는 것으로 나타났다. 이는 수면 패턴 변화로 인한 식습관 변화와 식욕 변화의 영향을 받을 수도 있다.

- 반대로, 장내 미생물 균형의 변화가 생체 리듬(하루주기 리듬)과 수면의 질에도 영향을 미칠 가능성이 있다.

🏋 신체 활동

- 규칙적인 신체 활동은 장운동을 원활하게 도와줄 뿐만 아니라, 장내 미생물 균형에도 긍정적인 영향을 미칠 수 있다(70쪽 참조).

자가 검사 키트

- 자가 검사 키트는 손끝 채혈을 이용해 음식 알레르기나 민감성을 검사하는 제품이 있으며, 일부 키트는 대변 샘플을 분석해 장내 미생물 구성을 알려준다고 홍보하기도 한다. 하지만 이런 검사 키트는 MHRA(영국 의약품·건강관리제품규제청)의 승인을 받지 않았으며, 다수의 전문가 단체는 정확성이 낮고 위양성(잘못된 양성 판정)이 나올 가능성이 높아 특정 질환이 있다고 착각할 수 있기 때문에 사용을 권장하지 않는다.

- 일부 대장암 검사 키트는 대변 내 혈액이나 암 관련 DNA를 검출하는 기능이 있어 추천되기도 한다. 하지만 이러한 검사 방법은 정확성에 한계가 있으며, 내시경 검사처럼 검사와 동시에 선종(암으로 발전할 가능성이 있는 용종)을 제거하는 것이 불가능하다는 점에서 한계가 있다(138~139쪽 참조).

많이 하는 질문들

'클린 이팅' 식단을 따라야 할까?

사람마다 '클린 이팅'을 다르게 해석할 수 있다. 어떤 사람은 초가공식품을 피할 수도 있고, 또 어떤 사람은 전분이 포함된 식품을 배제하거나 오직 생식만 하는 식단을 선택할 수도 있다. 하지만 특정 식품군을 아예 제외하는 것은 필수 영양소 섭취를 제한할 가능성이 있어 거의 권장되지 않는다.

•

모든 가공식품이 나쁜 걸까?

농장에서 갓 수확한 상태가 아니라면, 어떤 식품이든 가공 과정을 거친다. 즉, 모든 가공식품이 나쁜 것은 아니다. 일부 가공식품은 특정 영양소를 보충하기 위해 의도적으로 강화되기도 한다. 예를 들어 수확 직후 냉동된 과일과 채소는 신선한 상태로 유통되는 것보다 영양소를 더 잘 보존할 수 있다. 반면, 신선한 농산물은 매장에 도착하기까지 며칠씩 걸릴 수도 있다.

•

임신 중 내시경 검사는 안전할까?

어떤 시술이든 이득과 위험을 신중하게 따져 봐야 한다. 하지만 의학적으로 꼭 필요한 경우, 상부 위장관 내시경(위내시경)과 대장내시경은 임신 중에도 안전하게 시행할 수 있다. 예를 들어 쓸갯돌증으로 인한 쓸갯길 질환 같은 특정 상태를 치료할 때는 태아의 방사선 노출을 최소화하기 위한 특별한 절차가 필요할 수 있다.

•

장 질환이 가임력과 임신 결과에 영향을 미칠까?

염증성 장 질환이나 셀리악병 같은 특정 질환이 있는 환자의 경우 불임, 유산, 조산율이 더 높다는 연구 결과가 있다. 하지만 이러한 위험이 증가하는 정확한 기전은 아직 밝혀지지 않았다. 반대로, 일부 질환은 임신 중에 증상이 완화되는 경우도 보고된 바 있다. 그러나 그 이유 역시 아직 명확하게 규명되지는 않았다.

항생제를 피해야 할까?

꼭 필요한 경우라면 피하지 않는 것이 좋다! 항생제는 특정 세균 감염을 예방하고 치료하는 데 사용되므로, 필요할 때는 반드시 복용해야 한다. 다만 감기처럼 바이러스 감염이 원인인 질환에는 항생제가 효과가 없다. 또한 항생제를 처방받았다면 증상이 나아졌더라도 정해진 기간 동안 끝까지 복용하는 것이 중요하다. 감염이 완전히 제거되기 전에 항생제를 중단하면 내성이 생길 가능성이 커질 수 있다.

•

간헐적 단식은 효과적인 다이어트 방법일까?

전문가들은 지속 가능한 다이어트 방법이 가장 좋은 방법이라고 말한다. 일부 연구에서는 간헐적 단식이 체중 감량과 특히 체지방 감소에 도움이 될 수 있다고 보고했지만, 아직 명확한 근거가 부족하다. 또한 단식 방법에도 여러 가지가 있다. 하루 중 특정 시간에만 식사를 하는 시간 제한 단식과 격일 단식 등 다양한 방식이 있지만, 특정 방법이 다른 방법보다 더 효과적이라는 확실한 증거는 없다. 무엇보다 단식한다고 해서 건강하지 않은 음식을 마음껏 먹어도 된다는 의미는 아니다.

•

건강보조제를 꼭 먹어야 할까?

균형 잡힌 식단을 유지하는 것이 가장 중요하다. 건강보조제는 영양이 풍부한 식사를 대체할 수 없다. 하지만 일부 사람들에게는 보조제가 도움이 될 수 있다. 예를 들어 임산부, 어린이, 노인, 염증성 장 질환 환자, 비건 식단을 따르는 사람들은 특정 영양소를 보충할 필요가 있을 수 있다.

•

아스파탐이 암을 유발할까?

2023년, 세계보건기구 산하 국제암연구소는 아스파탐을 '발암 가능성이 있는 물질'로 재분류했다. 그러나 세계보건기구는 적정량을 섭취하는 경우 안전하다고 밝혔다.

Chapter 4

대변

모두가 배변을 한다

똥, 변, 대변, 응가… 뭐라고 부르든,
배변은 누구에게나 필요한 일이다!

매일 약 10L의 음식, 물, 그리고 침, 위액, 쓸개즙, 췌장액 등 각종 소화액이 장을 통과한다. 물은 주로 소장에서 흡수되지만, 위에서도 일부 흡수가 이루어진다. 변은 음식과 액체가 장을 지나면서 수분이 흡수된 후 남은 찌꺼기다. 이 과정에서 6L의 물이 빈창자에서 흡수되고, 돌창자에서 추가로 2.5L가 흡수된다. 이렇게 남은 약 1.5L의 수분이 대장으로 들어가면, 여기서 다시 1.4L가 흡수되고, 최종적으로 0.1L의 물이 대변으로 배출된다.

음식의 소화 과정

음식이 장을 통과하는 데 걸리는 시간은 약 10~70시간이다. 음식의 상태(고형 또는 액체), 운동량, 스트레스, 약물 복용, 그리고 일부 의학적 상태에 따라 소화 시간이 달라질 수 있다.

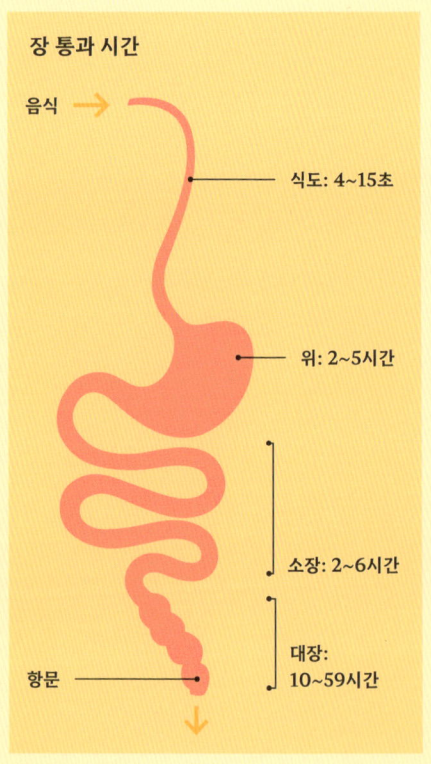

장 통과 시간
- 음식
- 식도: 4~15초
- 위: 2~5시간
- 소장: 2~6시간
- 대장: 10~59시간
- 항문

변에는 뭐가 들어 있을까?

연구에 따르면 우리 변의 50% 이상이 물로 이루어져 있으며, 건조된 부분의 25~54%는 박테리아가 차지한다. 나머지는 소화되지 않은 섬유질, 탄수화물, 단백질, 지방, 장 점막에서 떨어져 나온 오래된 세포, 죽은 적혈구, 그리고 점액으로 구성된다. 이러한 성분의 균형에 따라 변의 질감과 형태가 달라질 수 있다.

정상적인 변이란?

변의 양, 무게, 질감 등을 두고 '정상'이 무엇인지 정의하기는 어렵다. 평균적으로 변의 무게는 약 200g이지만, 식이섬유가 풍부한 식단을 섭취하면 수분 함량이 많아지면서 무게가 달라질 수 있다. 일반적인 변이라도 질감, 색, 배변 빈도 등에 따라 '정상' 여부가 달라질 수 있다. 변의 질감은 변의 구성 성분이 아니라 장을 통과하는 속도에 의해 결정된다. 장을 천천히 지나면 수분이 많이 흡수되어 변이 딱딱해지고, 반대로 빠르게 지나면 수분이 많이 남아 있어 변이 묽어지고 물기가 많아진다.

변을 배출하는 자세

변을 효과적으로 배출하는 핵심은 무릎을 엉덩이보다 높게 유지하는 것이다. 일반적인 변기를 사용할 때 이 자세를 취하기는 쉽지 않으므로, 발을 올릴 수 있는 발 받침대가 도움이 될 수 있다. 일부 문화권에서는 쪼그려 앉는 자세가 일반적이며, 몇몇 연구에 따르면 이 자세가 배변을 더 쉽게 만드는 것으로 나타났다.

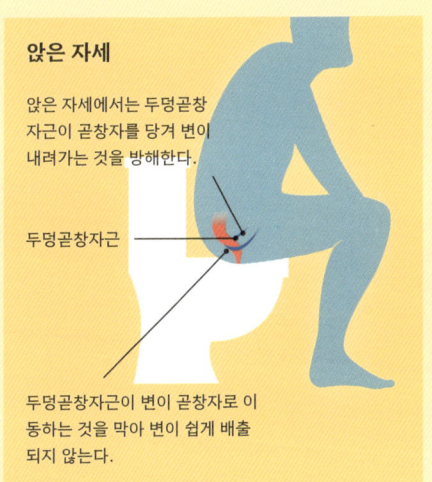

앉은 자세

앉은 자세에서는 두덩곧창자근이 곧창자를 당겨 변이 내려가는 것을 방해한다.

두덩곧창자근

두덩곧창자근이 변이 곧창자로 이동하는 것을 막아 변이 쉽게 배출되지 않는다.

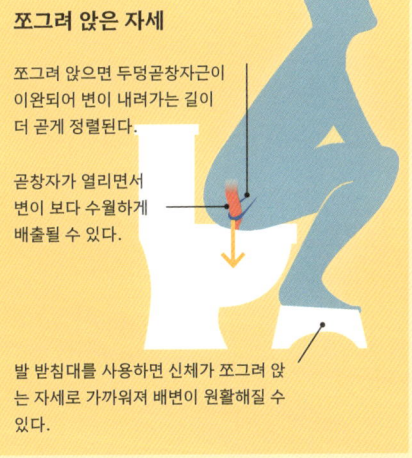

쪼그려 앉은 자세

쪼그려 앉으면 두덩곧창자근이 이완되어 변이 내려가는 길이 더 곧게 정렬된다.

곧창자가 열리면서 변이 보다 수월하게 배출될 수 있다.

발 받침대를 사용하면 신체가 쪼그려 앉는 자세로 가까워져 배변이 원활해질 수 있다.

변의 색깔이 말해 주는 것

변의 색깔은 섭취한 음식이나 음료에 따라 달라질 수 있다. 예를 들어 비트를 먹으면 변이 붉은색을 띠기도 한다.

● **갈색**

변은 보통 갈색을 띠는데, 이는 간에서 생성된 쓸개즙 때문이다. 쓸개즙은 원래 올리브 녹색이지만, 장으로 분비되어 지방 소화를 돕는 과정에서 색이 변한다. 쓸개즙에 포함된 빌리루빈(오래된 적혈구가 분해되면서 생성되는 물질)은 장내 세균에 의해 스테르코빌린이라는 갈색 색소로 변환된다. 소화되지 않은 음식물과 섞이면, 올리브 녹색이었던 쓸개즙과 변환된 빌리루빈이 합쳐져 변이 특유의 갈색을 띠게 된다. 일반적으로 변은 갈색 계열을 유지하지만, 특정한 요인에 따라 색이 변하는 경우도 있다.

● **빨간색**

변이 빨간색을 띠는 가장 흔한 원인은 혈변(혈변배설)이다. 이는 위처럼 소화관 상부에서 발생한 출혈이 아니라 항문에 가까운 부위에서 나온 신선한 혈액 때문이다. 염증, 외상, 항문열상(항문균열), 출혈성 혈관 문제, 혹은 종양 같은 병변이 빨간 변을 유발할 수 있다. 출혈량은 원인에 따라 다르며, 소량의 혈액만으로도 변기 물이 새빨갛게 물들어 실제보다 출혈량이 많아 보일 수 있다. 반면, 출혈량이 많다고 해서 항상 위험한 것은 아니다. 또한 빨간 변이 항상 혈변은 아니다. 단순히 비트 같은 음식 섭취로 인해 변의 색이 변하는 경우도 있다.

● 검은색

소화된 혈액 때문에 검은 변(타르변)이 생길 수 있다. 소화관 상부에서 발생한 출혈은 위궤양, 소장 병변, 코피 등 다양한 원인에 의해 생길 수 있다. 또한 철분 보충제나 위장약(비스무트살리실레이트 포함)을 복용하면 변 색이 검게 변하는 경우도 흔하다.

● 초록색

녹색 잎채소를 많이 섭취한 사람들에게서 흔히 볼 수 있다. 하지만 특정 질환도 초록색 변을 유발할 수 있다. 예를 들어 클로스트리디오이데스 디피실리 감염은 초록빛을 띠는 물 설사를 일으킬 수 있다. 또한 항생제 치료로 장내 세균이 죽으면서 변이 갈색을 띠는 과정을 방해해 변이 더 초록색으로 보일 수도 있다.

● 노란색

쓸개즙 생산이 줄어들면 변이 노란색을 띨 수 있다. 스트레스나 카페인, 일부 약물이 장운동을 빠르게 만들어 변이 장을 통과하는 시간이 짧아지면, 쓸개즙이 충분히 혼합되지 못해 변이 갈색으로 변하지 않을 수도 있다. 또한 지방을 많이 섭취했거나 지방 소화가 제대로 이루어지지 않으면 변이 노란색을 띠고 기름지거나 지방 덩어리가 포함될 수 있다.

● 회색

쓸개즙이 정상적으로 장으로 흐르지 못하면 변이 회색 또는 흰색을 띠며 마치 점토 같은 모습을 보일 수 있다. 쓸개즙의 흐름이 막히면 변을 갈색으로 만드는 색소가 공급되지 않아 변 색깔이 옅어진다. 심한 경우, 악성 종양이 쓸개즙 흐름을 차단하여 이러한 변색을 유발할 수도 있다. 또한 상부 위장관에서 출혈이 발생하면서 검고 끈적한 변(타르변)이 만들어지면, 회색 변과 섞여 변이 반짝이는 은색처럼 보일 수도 있다.

한 덩어리? 두 덩어리?

**단단하든, 부드럽든, 그 중간이든, 변의 질감은 다양할 수 있으며,
이 모든 것이 정상 범위에 속한다. 하지만 변이 너무 묽거나 너무 딱딱하다면
장 건강에 이상이 생겼을 가능성이 있다.**

변이 더 단단하거나 묽어지는 것은 변의 물리적 구성(불용성 고형물의 양, 즉 섬유질, 전해질, 식이당 등이 얼마나 포함되어 있는지)과 장 근육의 움직임에 따라 결정된다. 일부 약물은 장의 근육 운동에 영향을 미쳐 변의 질감을 변화시킬 수도 있다.

우리가 먹는 음식에는 수용성 섬유질과 불용성 섬유질 두 가지가 있으며, 변의 질감은 이 두 가지 섬유질의 균형에 의해 결정된다. 수용성 섬유질은 물에 녹아 변을 젤 같은 질감으로 만들어 변을 부드럽게 한다. 반면 불용성 섬유질은 변의 부피를 증가시켜 장이 더 쉽게 밀어낼 수 있도록 돕는다. 정확한 수분과 섬유질의 비율은 정해져 있지 않지만, 균형이 맞지 않으면 문제가 발생할 수 있다. 예를 들어 섬유질을 너무 많이 섭취하고 수분이 부족하면 변비가 생길 수 있다. 반대로, 수분을 너무 많이 섭취하고 섬유질이 부족하면 설사를 유발할 수도 있다.

장내 전해질 불균형은 변의 질감 변화를 일으킬 수 있다. 제대로 흡수되지 않는 당류, 당알코올, 마그네슘, 황산염, 인산염 등은 변을 묽게 만들 수 있다. 특히 자당이나 젖당처럼 장벽을 통해 완전히 흡수되지 않는 당류는 일부 사람들에게 설사를 유발할 수 있다. 이러한 현상은 나이가 들면서 더욱 두드러질 수 있는데, 이는 우유에 포함된 당인 젖당을 분해하는 효소가 시간이 지나면서 사라질 수 있기 때문이다. 또한 특정 질환이 변의 성분을 변화시키면서 질감에도 영향을 줄 수 있다. 예를 들어 지방을 제대로 소화하지 못하는 질환(관련 내용은 140쪽, 148쪽 참조)이 있으면 변이 기름지고 미끄럽게 보일 수 있다.

일상에서 먹고 마시는 것에 따라 변의 질감이 직접적으로 영향을 받을 수 있으며, 일시적인 변화는 정상적인 현상일 가능성이 크다. 하지만 변의 질감이 지속적으로 변한다면 그냥 넘겨서는 안 된다. 배변 습관이 변했다면 의사에게 알리고 정확한 검사를 받는 것이 중요하다.

또한 변의 질감은 단순히 성분만으로 결정되지 않는다. 장의 운동 속도, 즉 통과 시간(88쪽 참조)에 따라 수분 흡수량이 달라진다. 장운동이 너무 빠르면 설사를 유발할 수 있다. 변의 유형은 변비, 설사, 혹은 과민대장증후군과 같은 소화기 질환 여부를 판단하는 데 도움을 줄 수 있다. 이상적인 변은 부드럽고 쉽게 배출되는 형태여야 한다. 따라서 가장 적절한 치료 계획을 세우려면 의사는 환자가 말하는 "묽은 변"이 정확히 어떤 상태인지 이해하는 것이 중요하다.

브리스톨 대변 도표

1997년 브리스톨 로열 병원에서 개발된 브리스톨 대변 도표는 대변의 질감을 객관적으로 설명하기 위한 연구 도구로 사용된다. 이 도표는 대변을 형태, 크기, 질감에 따라 총 7가지 유형으로 분류하며, 이 중에 3번과 4번 유형이 '정상'으로 간주된다.

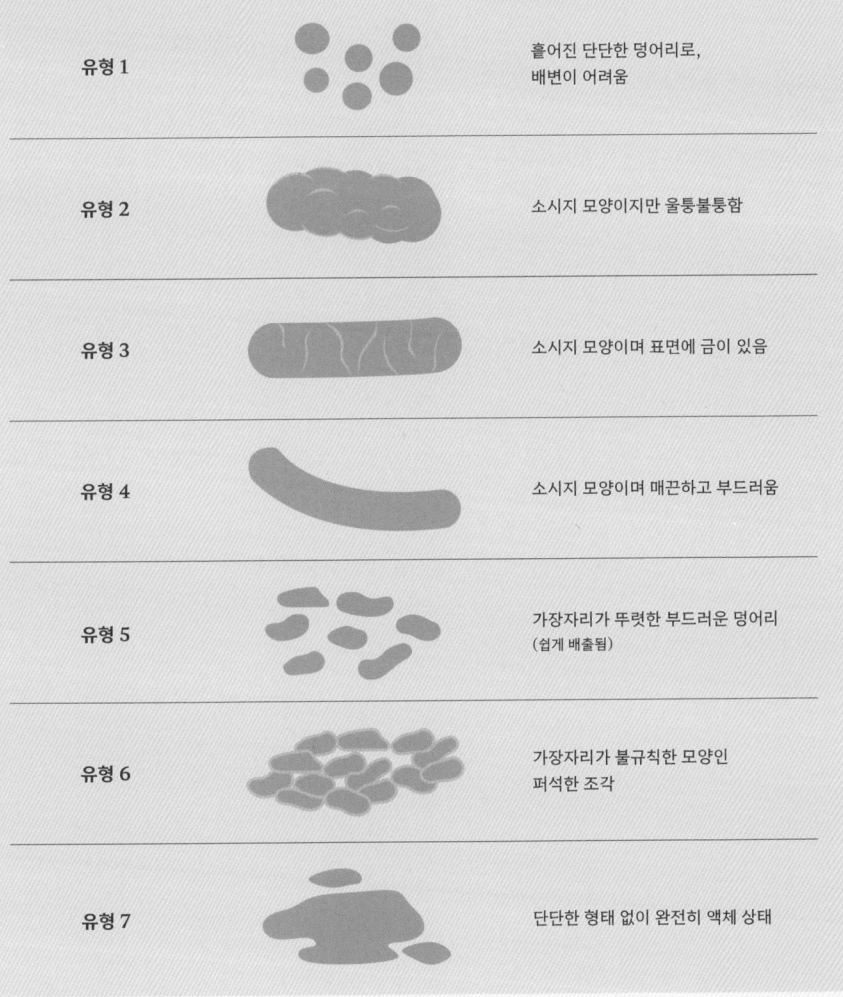

유형 1		흩어진 단단한 덩어리로, 배변이 어려움
유형 2		소시지 모양이지만 울퉁불퉁함
유형 3		소시지 모양이며 표면에 금이 있음
유형 4		소시지 모양이며 매끈하고 부드러움
유형 5		가장자리가 뚜렷한 부드러운 덩어리 (쉽게 배출됨)
유형 6		가장자리가 불규칙한 모양인 퍼석한 조각
유형 7		단단한 형태 없이 완전히 액체 상태

가스에 대한 모든 것

냄새, 소리, 혹은 복부 팽만감 등 가스(방귀)는
불편함을 주거나 민망한 상황을 만들기도 한다.
가스에 대해 궁금했던 모든 것을 알아보자!

방귀에는 뭐가 들어 있을까?

방귀를 전문적인 용어로는 고창(鼓脹)이라고 한다. 연구에 따르면 공복 상태의 사람 장 속에는 약 100~200mL의 가스가 들어 있다. 대부분의 사람은 하루에 최소 한 번, 많게는 20번까지 가스를 배출하며, 횟수는 식습관에 따라 달라질 수 있다. 장내 가스의 약 90%는 질소, 산소, 이산화탄소, 수소, 메탄으로 구성되어 있다.

대부분의 가스는 대장에서 형성된다. 음식물이 소장에서 대장으로 이동할 때 장내 세균이 가스를 만들어 낸다. 가스는 대부분 냄새가 없다. 그러나 냄새가 나는 방귀는 미량의 황화수소와 메테인싸이올 때문이라고 알려져 있다. 또 한 가지 흥미로운 사실은 음식을 먹고 나서 생기는 가스가 차는 느낌은 반드시 발효된 음식 때문이 아니라, 소장에서 대장으로 가스가 밀려 내려오면서 발생하는 경우가 많다는 점이다.

가스는 어디서 생기고 어디로 가는 걸까?

가스는 다양한 경로로 생긴다. 음식을 먹거나 말을 하면서 삼킨 공기, 음식이나 약물에 의해 일어나는 화학 반응, 그리고 장내 세균의 발효 등으로 인해 생성된다. 쉽게 말하면, 내 장 속에서 콤부차를 양조하는 것과 비슷한 과정이다! 귀리, 감자, 옥수수 같은 탄수화물은 소장에서 완전히 흡수되지 않는다. 이들이 소화되지 않은 채 대장으로 넘어가면, 장내 세균이 이를 분해하면서 가스를 만들어 낸다. 설탕과 당 알코올도 가스 생성에 영향을 준다. 유제품에 들어 있는 락토스(젖당), 과즙에 포함된 과당, 그리고 껌에 많이 사용되는 자일리톨, 소르비톨 같은 당알코올은 장에서 흡수가 잘 되지 않아 장내 세균이 이를 분해하면서 더 많은 가스를 만들어 낸다.

그렇다고 모든 가스가 뒤로만 나가는 것은 아니다. 일부는 트림으로 배출되고, 일부는 장내 세균이 소비하거나 혈류로 흡수되기도 한다.

방귀의 평균 구성 성분

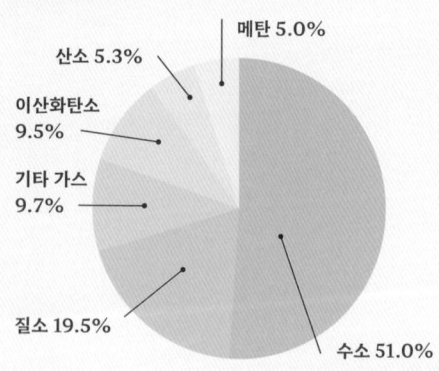

메탄 5.0%
산소 5.3%
이산화탄소 9.5%
기타 가스 9.7%
질소 19.5%
수소 51.0%

> **· 방귀에 대한 재미있는 사실 ·**
>
> • 추운 날씨에 입김이 보이는 것처럼, 방귀도 차가운 공기 중에서 눈에 보일 수 있다.
>
> • 일반적인 28cm짜리 풍선을 부풀리는 데 방귀 79번이 필요하다.
>
> • 방귀는 시속 최대 11km, 또는 초당 3m의 속도로 이동할 수 있다.

방귀는 어떻게 생기는 걸까?

방귀를 뀔 때 몸은 복강 내 압력을 높이고 항문 근육을 이완시켜 가스를 배출한다. 하지만 골반저(골반바닥) 기능 이상 같은 상태가 있으면 이 과정이 원활하게 이루어지지 않아 방귀를 배출하기 어려울 수 있다. 근육 협응이 제대로 이루어지지 않으면 장내에 가스와 변이 갇혀 불편함을 유발하고, 방귀와 변에서 더 강한 냄새가 날 수도 있다. 이런 경우 골반바닥 운동과 바이오피드백 치료(근육 재훈련 요법, 181쪽 참조)를 통해 갇힌 가스를 배출하는 능력을 키울 수 있다.

'비정상적인' 방귀 해결하기

많은 환자가 "내가 방귀를 너무 많이 뀌는 걸까?" 혹은 "내 방귀 냄새는 왜 이렇게 심할까?"라는 질문을 한다. 방귀의 양은 먹는 음식에 따라 매일 달라질 수 있다. 마찬가지로 방귀 냄새도 음식 선택에 영향을 받으며, 장내 미생물 불균형(황산염과 메탄을 생성하는 박테리아의 과잉 증식)의 신호일 수도 있다. 황 함유 화합물이 많은 채소(배추과 식물)나 양파 같은 식품, 그리고 동물성 단백질이 많은 식단은 방귀 냄새를 더 강하게 만들 수 있다. 이런 음식들은 특정 박테리아의 먹이가 되어 더 지독한 냄새를 유발하는 가스를 생성하게 한다. 하지만 가스 과다 생성이 단순한 식습관 문제가 아니라 공기 삼킴, 유당 불내증 등 탄수화물 흡수장애로 인한 것이라면, 먼저 그 원인을 해결하는 것이 중요하다.

다행히 대부분의 경우 방귀의 양과 냄새는 식단을 바꾸는 것으로 조절할 수 있다. 가스 생성을 증가시키는 대표적인 음식으로는 콩류, 유제품, 일부 채소, 통곡물이 있다. 식사 일지를 작성하면 특정 음식이 증상을 유발하는지 확인하는 데 도움이 될 수 있다. 알파갈락토시다제 성분이 포함된 효소 보충제는 특정 탄수화물 분해를 도와 가스 생성을 줄이는 데 사용되지만, 실제 효과가 있는지는 명확하게 밝혀지지 않았다.

프리바이오틱스나 프로바이오틱스 식품 또는 보충제의 효능도 아직 확실하지 않다. 일부 사람들은 이런 보충제가 가스 관련 증상을 완화하는 데 도움이 된다고 하지만, 오히려 증상을 악화시킨다는 사례도 있다. 만약 소장 세균 과증식 같은 근본적인 문제가 있다면 항생제가 도움이 될 수 있다.

많이 하는 질문들

변비를 완화하는 데 가장 좋은 과일은?

특정한 과일 하나가 변비를 해결해 주는 것은 아니다. 다양한 과일을 섭취하는 것이 가장 좋으며, 특히 자두나 키위처럼 식이섬유가 풍부한 과일은 대장의 연동운동을 돕는다. 또한 사과에는 펙틴이라는 성분이 들어 있는데, 이 성분은 물과 결합해 젤 형태로 변하면서 변을 부드럽게 해 주어 배변을 원활하게 하는 데 도움이 된다.

●

하루에 변을 몇 번 봐야 정상일까?

사람마다 배변하는 속도는 다 다르다! 매일 변을 보지 않는다고 해서 문제가 있는 것은 아니다. 사실, '정상' 범위는 하루 3번에서 주 3번까지 다양하다.

●

변비가 자주 생긴다. 괜찮을까?

그렇지 않다. 오랜 기간 변비가 지속되면 치질, 항문 열상 같은 문제를 비롯해 다른 소화기 질환을 유발할 수 있다.

●

배변을 많이 하면 체중 감량에 도움이 될까?

배변을 자주 한다고 해서 지속적인 체중 감량으로 이어지지는 않는다. 따라서 변비약을 사용해 배변을 유도하는 것은 효과적이지도 않고, 건강한 다이어트 방법도 아니다.

●

화장실 공포증을 부르는 말이 있나?

공공장소에서 배변하는 것에 대한 두려움이나 어려움을 뜻하는 용어로 '파르코프레시스', 또는 '수줍은 장 증후군'이 있다.

변이 물에 뜨는 이유는?

변의 성분은 섭취한 음식에 따라 달라질 수 있다. 변 속에 가스나 지방이 많으면 물에 뜰 수도 있다. 변의 부력이 변한다고 해서 반드시 걱정할 필요는 없다.

•

대장 세척(콜로닉 하이드로테라피)은 안전할까?

대장 세척 또는 장 세정은 항문을 통해 관을 삽입해 물을 주입하는 방식이다. 그러나 대장은 스스로 깨끗하게 유지하는 기능을 갖추고 있어, 추가적인 세정이 꼭 필요하다는 근거는 없다. 오히려 잘못된 시술로 인해 장이 손상될 위험이 있으며, 과도한 물 주입은 전해질 불균형을 초래할 수 있다.

•

사람의 변을 비료로 사용할 수 있을까?

불가능하다. 사람의 변에는 병원균이 포함될 수 있어, 이를 비료로 사용할 경우 사람 간 감염 위험이 있다. 하수 처리 과정이 엄격하게 관리되긴 하지만, 전염성 질환이나 중금속과 같은 유해 물질을 완전히 제거하는 데는 한계가 있을 수 있다.

•

장 탈취제가 방귀 냄새를 줄이는 데 효과가 있을까?

일부 제품은 수렴제 성분인 '차갈산비스무트'를 포함하고 있으며, 장 탈취제로 판매되기도 한다. 약간의 효과가 있을 수는 있지만, 효과에 대한 명확한 과학적 근거는 부족하며 장기간 사용에 따른 부작용이 보고된 사례도 있다.

Chapter 5

무엇이 문제일까?

어떤 증상이 있는가?

**우리는 보통 장이 불편해질 때까지
그 존재를 의식하지 못하는 경우가 많다.
가장 흔한 장 증상들과 그 의미에 대해 알아보자.**

증상은 사람마다 다르게 나타난다. 같은 증상이라도 심한 정도, 지속 시간, 빈도가 다를 수 있다. 유발 요인도 개인마다 차이가 있다. 어떤 사람은 만성 질환을 전혀 경험하지 않는 반면, 어떤 사람은 수년간 같은 증상으로 고통받으며, 이는 증상을 받아들이는 방식에도 영향을 미칠 수 있다. 같은 질환이라도 한 사람에게는 극심한 통증을 유발할 수 있지만, 다른 사람에게는 경미할 수도 있다. 어떤 증상은 천천히, 미묘하게 나타나기도 하고, 반대로 갑자기 예상치 못한 방식으로 나타나기도 한다. 심지어 전이성 암과 같은 말기 질환도 아무런 증상 없이 진단될 수 있다.

몸이 좀 안 좋은 것 같을 때, '닥터 구글'을 찾아보고 싶은 유혹을 느낄 수 있다. 하지만 인터넷 검색이 항상 신뢰할 만한 의학 정보를 제공하는 것은 아니다. 자신의 몸 상태는 본인이 가장 잘 알며, 뭔가 평소와 다르다고 느낄 때가 있을 것이다. 약국에서 상담을 받고 일반의약품을 사용해도 증상이 나아지지 않는다면, 의사와 상담하는 것이 좋다.

일상에서 흔히 경험할 수 있는 대표적인 증상 10가지를 살펴보자. 이 증상들은 의사들이 자주 접하는 것들이다. 각각의 증상이 무엇을 의미하는지, 의사가 어떤 방식으로 진단하는지, 그리고 필요한 경우 어떤 치료를 받을 수 있는지 알아보자.

**몸이 좀 안 좋은 것 같을 때,
'닥터 구글'을 찾아보고 싶은
유혹을 느낄 수 있다.**

증상 평가

의사들은 환자의 증상을 평가할 때 'OPQRST'라는 기억법을 활용한다. 이는 주로 통증을 평가할 때 사용되지만, 다른 증상에도 적용할 수 있다. OPQRST는 발현 시점, 악화 또는 완화 요인, 특징, 부위 및 방사 여부, 심각도, 경과 시간을 의미한다.

발현 시점
(Onset)

증상이 언제 시작되었는가? 갑자기 나타났는가, 아니면 점진적으로 나타났는가? 이 증상을 유발한 특정한 원인이 있는가?

악화/완화 요인
(Provocation/Palliation)

어떤 요인이 증상을 더 나아지게 하거나 악화시키는가? 치료를 시도해 보았다면, 어떤 것이 도움이 되었고, 어떤 것이 증상을 더 악화시켰는가?

특징
(Quality)

통증을 어떻게 표현할 수 있는가? 날카로운가, 타는 듯한가, 쑤시는가, 욱신거리는가? 대변의 색깔과 형태는 어떤가?

부위
(Region)

통증이 어디에서 발생하는가? 같은 부위에 머무르는가, 아니면 여기저기로 이동하는가?

심한 정도
(Severity)

통증이 경미한가, 보통인가, 심한가? 1에서 10까지의 척도로 보면 얼마나 심한가? (10이 가장 심한 경우) 출혈이 있다면 양이 많은가, 적은가?

시간
(Time)

증상이 언제 시작되었는가? 최근에 발생한 급성 증상인가, 아니면 오랫동안 지속된 만성 증상인가? 증상이 간헐적으로 나타나는가, 아니면 지속적인가?

황달

황달은 혈액 내 빌리루빈이라는 노란색 색소의 농도가 증가하면서
신체 일부가 누렇게 변하는 증상이다.

증상 황달이 생기면 피부, 눈, 점막이 노랗게 변한다. 빌리루빈은 적혈구가 분해될 때 주로 생성되는데, 간경화와 같이 간에 흉터가 생기고 기능이 저하되는 질환이 있으면 빌리루빈이 체내에 쌓이면서 황달이 나타날 수 있다. 또한 쓸개나 쓸개관에 문제가 생겨 쓸개즙 생성이나 이동에 이상이 생겨도 황달이 발생할 수 있다. 임신 중 쓸개즙 정체(쓸개즙의 흐름이 느려지는 현상)로 인해 황달이 나타날 수도 있지만, 출산 후에는 자연스럽게 사라진다. 쓸개관에 쓸갯돌이 걸려 쓸개즙이 장으로 배출되지 못할 때도 황달이 생길 수 있다. 빌리루빈 수치가 일정 수준 이상 올라가면 가려움증이 동반될 수도 있다.

진단 의료진은 병력 문진과 함께 혈액 검사를 통해 황변이 빌리루빈 문제로 인한 것인지, 특정 기저 질환 때문인지 확인한다. 쓸개관을 막고 있는 쓸갯돌이나 종양과 같은 구조적인 문제가 의심될 경우, CT나 MRI 검사를 통해 원인을 찾을 수 있다. 만약 간 질환이 의심된다면, 간 조직 검사를 실시해 미세한 이상 여부를 확인할 수도 있다.

치료 황달이 기계적인 폐색(막힘)으로 인해 발생한 경우, 내시경 시술을 통해 쓸개관에 걸린 쓸갯돌을 제거하거나, 종양으로 인해 막힌 쓸개관을 확장하는 스텐트를 삽입하는 등의 처치가 필요할 수 있다. 쓸개즙이 정체되면 쉽게 감염될 수 있어, 폐색을 해결하지 않으면 심각한 문제가 될 수 있다. 만약 수술이 가능한 암이 발견되면, 장기적인 해결책으로 수술이 필요할 수도 있다. 황달이 쓸개관 폐색이 아니라 다른 기저 질환으로 인해 발생한 경우, 우르소데옥시콜산 같은 약물이 황달 해소에 도움을 줄 수 있다. 또한 간 손상을 막기 위해 알코올과 같은 독소를 피하는 것이 권장될 수 있다. 회복이 빠른 경우라도 황달과 함께 동반되는 가려움증이 사라지는 데 며칠에서 몇 주가 걸릴 수 있다.

쓸개나 쓸개관에 문제가 생겨도 황달이 발생할 수 있다.

삼킴곤란

삼킴곤란은 고형 음식이나 액체를 삼키는 데
어려움을 겪는 증상을 뜻하는 의학 용어다.

증상 삼킴곤란은 음식물을 삼키는 과정에서 발생할 수 있다. 의료적으로 '삼킴'은 음식물을 목 뒤쪽으로 밀어 넣는 능동적인 움직임뿐만 아니라, 식도가 자동으로 음식물을 위로 내려보내는 과정까지 포함한다. 삼킴곤란은 파킨슨병과 같은 신경근육계 질환으로 인해 발생할 수 있으며, 종양이나 척추뼈의 돌출로 인해 물리적으로 막혀도 나타날 수 있다. 식도이완불능증(식도와 위 사이의 괄약근이 이완되지 않는 상태)과 같은 식도 운동 장애도 삼킴곤란을 유발할 수 있다. 또한 호산구성 식도염과 같은 염증성 질환이나 위산 역류로 식도가 손상될 경우에도 삼키기 어려울 수 있다.

삼킴 시 통증을 느끼는 증상을 연하통이라고 한다. 인후염처럼 식도 점막에 염증이 생기거나 편도염으로 인해 목이 붓는 경우에도 삼킬 때 통증이 발생할 수 있다. 또한 궤양, 종양, 생선 가시 같은 이물질이 식도에 걸려도 삼킬 때 불편함이 생길 수 있다.

진단 삼킴 장애를 진단하기 위해서는 기계적 폐색(물리적인 막힘)이 있는지를 확인해야 한다. 이를 위해 엑스레이(바륨 삼킴 검사)나 내시경 검사가 시행될 수 있다. 식도의 수축력과 근육 기능을 평가하기 위해서는 식도 내압 검사라는 의료 기구를 사용할 수 있다. 또한 위산 역류와 같은 관련 질환을 평가하기 위해 pH 검사가 필요할 수도 있다.

치료 기저 원인에 따라 치료 방법이 결정된다. 먼저 음식 선택, 음식의 질감, 식사 습관을 조절하는 것이 증상 완화의 기본적인 방법이다. 식도 근육의 움직임을 돕는 경구 약물이 처방될 수도 있으며, 경우에 따라 수술적 치료가 필요할 수도 있다. 이완되지 않는 식도 하부 근육으로 인해 발생하는 식도이완불능증의 경우, 수술적 방법(헬러 근절개술)이나 내시경을 이용한 구강 내 절개술(경구 내시경 근절개술, POEM)로 근육을 절개하여 증상을 완화할 수 있다. 삼킬 때 통증이 있는 연하통의 경우, 국소 약물이나 진통제를 함유한 로젠지가 증상 완화에 도움이 될 수 있다.

속쓰림

가슴 부위에서 타는 듯한 느낌이 드는 것은 일반적으로
위산이 식도로 역류하는 위식도역류질환 때문일 가능성이 크다.

증상 통증은 주로 명치 아래, 즉 식도가 위와 연결되는 부위에서 느껴진다. 눕거나 숙였을 때 증상이 심해질 수 있다. 위산이 역류하면서 식도를 따라 올라가면 만성 기침, 목소리 변화(기도 자극에 의한), 치아 법랑질 침식 같은 다른 증상도 유발할 수 있다.

위산 역류는 누구나 경험하는 정상적인 현상이다. 하지만 삼키기 어려울 정도로 증상이 심하거나, 일반의약품으로도 증상이 완화되지 않는다면 의사의 진료를 받아 보는 것이 좋다. 위식도역류질환이 문제가 되는 이유는, 하부 식도조임근이 너무 약하거나 필요 이상으로 이완되어 비정상적으로 많은 위산이 역류하기 때문이다. 특정 음식이 위산 역류를 증가시킨다는 명확한 의학적 근거는 부족하지만, 감귤류 과일, 매운 음식, 카페인, 초콜릿 등은 흔히 보고되는 유발 요인이다. 모든 위식도역류질환 환자가 속쓰림 증상을 겪는 것은 아니다. 또한 특정 약물의 부작용으로 위식도역류질환이 발생할 수도 있다.

복부 비만이나 임신은 복압을 증가시켜 위산이 잘못된 방향으로 밀려 올라오게 만들 수 있다. 또한 위의 일부가 가슴 쪽으로 돌출되는 열공 헤르니아도 위식도역류질환 발생 위험을 높이는 요인이다. 위식도역류질환 자체는 치명적인 질환은 아니지만, 식도 염증, 협착, 그리고 장기간 위산 노출로 인해 발생하는 전암성 변화인 바렛 식도 같은 합병증을 유발할 수 있다. 이러한 합병증 때문에 위식도역류질환은 의료 시스템에 상당한 부담을 주는 질환이다.

진단 위식도역류질환이 의심될 경우, 우선 일반적으로 약물치료를 시도한다. 그러나 증상이 지속되면 추가 검사가 필요할 수도 있다. 추가 검사로는 식도 내 pH 검사를 통해 산도를 측정하거나, 내시경을 이용해 위산에 의한 손상이나 구조적 이상을 확인하는 방법이 있다. 또한 영향을 받은 부위에서 조직 생검을 시행해 바렛 식도 여부를 감별할 수도 있다. 참고로 위식도역류질환은 반드시 위산 역류에 의해 발생하는 것은 아니다. 비(非)산성 역류도 동일한 증상을 유발할 수 있다.

치료 일반적으로 첫 번째 치료법으로 프로톤 펌프 억제제를 사용해 위산 분비를 억제한다. 또한 히스타민 차단제와 제산제도 흔히 처방된다. 생활 습관을 조정하는 것도 도움이 될 수 있다. 증상을 유발하는 음식을 피하기, 식사 후 바로 눕지 않기, 소량씩 자주 식사하기, 수면 시 베개를 높여 머리를 들어 올리기, 복부 비만이 있는 경우 체중 감량 등이 대표적이다. 이러한 방법을 시도해도 증상이 조절되지 않거나 장기간 약물 복용이 필요한 경우, 내시경적 또는 외과적 항역류 시술을 고려할 수 있다. 대표적인 수술법으로 위바닥주름술이 있으며, 위의 상부를 말아 올려 식도 하부를 감싸 장벽을 강화함으로써 위산이 식도로 역류하는 것을 방지한다.

식도 이완

위식도역류질환으로 인해 식도가 장기간 위산에 노출되면 위산 역류로 인해 식도의 점막이 위 점막처럼 변성되는 '바렛 식도'가 발생할 수 있다. 이로 인해 식도 점막에 변화가 생기며, 시간이 지나면서 암으로 발전할 가능성이 있다. 위산 분비를 조절하는 약물을 사용하면 이러한 세포 변화가 일어나는 것을 예방하는 데 도움이 된다. 만약 전암성 변화가 발견되면, 식도암으로 진행되는 것을 막기 위해 조기에 치료할 수도 있다(126쪽 참조).

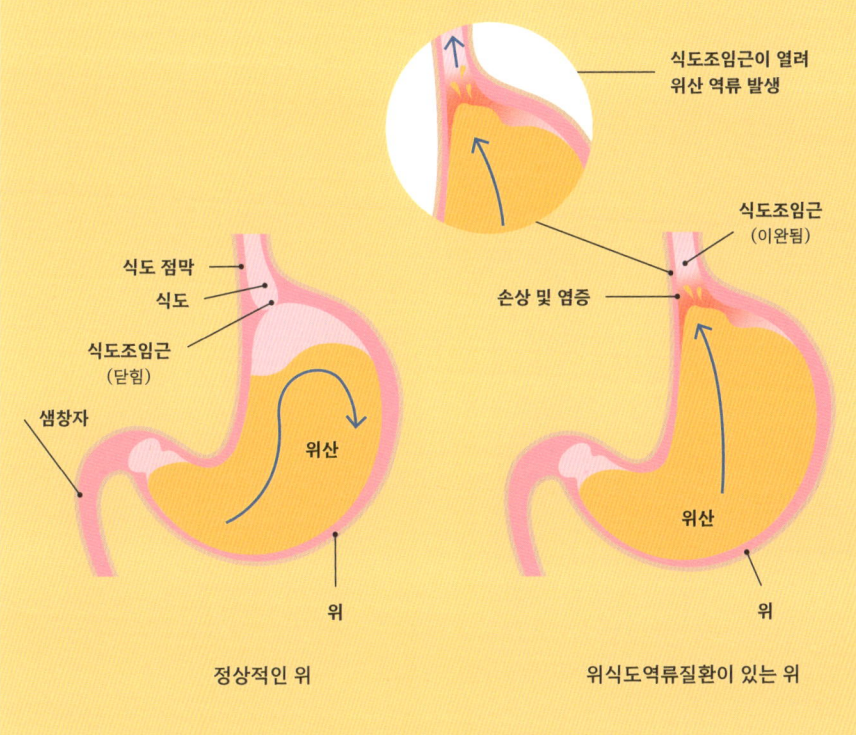

식욕 부진과 체중 감소

식욕은 하루하루 달라질 수 있지만,
장기간 지속되는 식욕 부진은 보다 심각한 문제를 시사할 수 있다.

증상 만약 특별한 이유 없이 체중이 감소하고 있다면(예를 들어 식욕과 음식 섭취량이 변함없는데도 체중이 줄어든다면), 이는 우려할 만한 신호일 수 있다. 이러한 증상은 특정한 질환에 국한되지 않으므로, 기저 질환이나 약물의 부작용을 파악하기 위해 철저한 병력 청취와 신체 검사가 필요하다. 의도하지 않은 체중 감소는 불안 및 우울증, 염증성 장 질환(133~134쪽 참조), 과민대장증후군(131~132쪽 참조), 셀리악병(133~134쪽 참조)과 같은 여러 질환에 의해 발생할 수 있지만, 때때로 설사와 같은 보다 명확한 증상이 원인일 수도 있다.

진단 환자의 식습관과 식이 패턴을 파악하는 것은 원인을 찾는 데 도움이 될 수 있다. 약물은 식욕에 영향을 미치는 경우가 많기 때문에, 증상이 언제부터 시작되었는지를 아는 것이 중요하다. 식욕 부진은 특정 약물, 구강 위생 불량 또는 구강 병변, 미각과 후각 변화, 또는 음식 섭취로 유발되는 만성적인 메스꺼움이나 구토로 인해 발생할 수 있다. 식욕 부진의 원인은 신체적인 질환일 수도 있지만, 정신건강 문제 역시 식욕과 체중 감소에 큰 영향을 미칠 수 있다. 의사는 섭식장애 여부를 신중히 평가하고, 필요할 경우 적절한 정신과 진료를 받을 수 있도록 조치해야 한다. 또한 특정 암이나 영양 결핍 여부를 확인하기 위해 혈액 검사를 실시할 수 있으며(50쪽 참조), 종양과 같은 구조적인 문제를 배제하기 위해 엑스레이 촬영을 권할 수도 있다. 의사는 다양한 단서를 종합해 전체적인 진단을 내리게 된다.

치료 식욕 부진과 체중 감소를 회복하는 데 가장 중요한 것은 근본적인 원인을 치료하는 것이다. 하지만 일부 만성 질환이나 치료가 어려운 질병의 경우, 장기적인 영양 보충이 필요할 수도 있다. 경구 영양 보충제나 정맥 주사를 통한 영양 공급은 급식재개 증후군이나 감염 위험을 방지하기 위해 신중한 모니터링이 필요하다. 식욕 촉진제도 고려될 수 있지만, 이러한 약물이 장기적인 생존율을 높이는 효과가 있다는 근거는 부족하다.

· **원인 불명의 체중 감소** ·

의사들은 "비자발적 체중 감소"라는 말을 들으면 경각심을 갖게 된다. 이는 아직 진단되지 않은 암과 같은 심각한 질환을 시사할 수 있기 때문이다. 일부 암은 신진대사가 활발하여 체내 에너지를 과도하게 소비하는데, 이로 인해 본인의 식사량과 상관없이 체중이 감소할 수 있다.

구역과 구토

누구나 한 번쯤 구역질이나 구토를 경험해 본 적이 있을 것이다.
둘 다 매우 불쾌한 증상이다.

증상 구역은 위에서 느껴지는 불편한 감각으로, 종종 구토를 하고 싶은 충동을 동반한다. 반면 구토는 횡격막과 복부 근육의 수축과 함께 위 속 내용물이 입을 통해 강하게 배출되는 현상이다. 역류는 구토와는 달리 위 내용물이 수동적으로 식도로 올라오는 것으로, 구역을 동반하지 않는다.

구역과 구토는 뇌의 구토 중추가 장에서 전달되는 신호에 의해 활성화되면서 발생한다. 하지만 구토가 나타나는 방식은 시간대, 섭취한 음식, 냄새, 구토물의 색과 상태, 그리고 격렬한 헛구역질이나 분출성 구토 여부에 따라 다를 수 있다. 구토는 장폐색, 감염, 염증 같은 소화기계 문제로 나타날 수 있으며, 전신 질환, 특정 약물, 화학물질의 부작용 등이 원인이 될 수도 있다.

진단 혈액 검사는 감염, 전해질 불균형, 또는 다른 장기의 기능 이상과 같은 구역과 구토의 근본적인 원인을 밝혀낼 수 있다. 하지만 구조적인 문제를 확인하기 위해 영상 검사나 내시경 검사가 필요할 수도 있다. 또한 위 배출 검사는 위 운동 장애를 확인하는 데 도움이 될 수 있는데, 위에서 음식이 제대로 배출되지 않으면 소화되지 않은 음식이 쌓여 구토를 유발할 수 있기 때문이다.

치료 근본적인 질환을 직접 치료하는 것 외에도 구역과 구토를 유발하는 약물을 중단하거나 조정해야

> **· 비약물치료 ·**
>
> 깊은 호흡 운동이나 명상 같은 이완 기법은 구역을 줄이고 몸을 편안하게 하는 데 효과적일 수 있다. 또한 일부 사람들에게는 지압이나 침 치료가 증상 완화에 도움이 될 수도 있다.

할 수도 있다. 구역을 완화하는 약물이나 위장 운동을 촉진하는 약물이 단기적으로 증상 완화에 도움이 될 수 있다. 또한 식습관을 조절하고 적은 양의 식사를 자주 하는 것이 도움이 될 수도 있다. 잦은 구토가 발생할 경우 탈수와 전해질 불균형을 예방하기 위해 수분과 전해질을 충분히 보충하는 것이 중요하다. 일반의약품이나 생활 습관 개선으로 조절되지 않는 지속적이거나 심한 구역 및 구토는 반드시 의료 전문가의 진료를 받아야 한다.

복부 팽만과 트림

가스와 복부 팽만은 흔한 증상이지만
원인과 치료법이 단순하지 않은 경우가 많다.

증상 복부 팽만은 배 속이 가스로 가득 차서 꽉 찬 듯한 느낌이 드는 상태나 배가 부풀어 오르는 경우를 말하지만 모든 사람이 같은 방식으로 경험하는 것은 아니다. 소화기관 내 가스는 주로 공기를 삼키거나 음식이 분해되는 과정에서 생성된다. 특정 음식이 가스를 더 많이 유발할 수 있으며(94~95쪽 참조), 과민대장증후군이나 유당 불내증 같은 소화기 질환이 있으면 가스와 복부 팽만이 더 심해질 수 있다. 사람마다 가스 축적에 대한 민감도가 다를 수 있으며, 장 근육이나 횡격막이 가스를 수용하는 방식도 개인차가 있다.

트림은 입을 통해 공기를 배출하는 정상적인 생리 현상이다. 일반적으로 트림은 음식을 먹거나 마시는 동안, 특히 껌을 씹거나 탄산음료를 섭취할 때 삼킨 공기가 빠져나오는 과정이다. 트림을 유난히 자주 한다고 느낀다면 스트레스, 정신적인 요인, 혹은 무의식적으로 공기를 삼키는 습관이 원인일 수 있다. 이런 경우에는 상담이나 호흡 조절 기법이 도움이 될 수 있다. 반면, 일부 사람들은 트림을 하지 못하는 경우도 있다. 특히 위식도 역류를 막기 위해 식도 하부를 조이는 위바닥주름술을 받은 뒤 가스 팽만 증후군이 발생하면 트림이 어려워질 수 있다. 냄새가 고약한 트림은 다른 질환의 신호일 수도 있다. 예를 들어 위 정체증이 있는 경우 위에서 음식이 정상보다 오래

· **복부 팽만을 빠르게 없애는 방법** ·

복부 팽만을 줄이는 방법에 대한 다양한 속설이 있다. 예를 들어 커피나 셀러리 주스를 마시면 도움이 된다는 말이 있지만, 사실 어느 정도의 복부 팽만은 정상적인 현상이며 저절로 사라진다. 하지만 지속적이고 불편한 팽만감을 느낀다면 의사와 상담해 보는 것이 좋다.

머물며 위 배출이 느려지면서 악취를 동반할 수 있다. 또한 귀, 부비동, 목의 감염으로 인해 세균이 황함유 가스를 생성하면서 악취가 나는 경우도 있다. 간경화(간 질환)가 있는 환자는 암모니아 같은 특정 독소를 몸에서 제거하지 못해 혈액 내에 축적되며, 결국 폐를 통해 배출되면서 심한 입냄새를 유발할 수 있다. 이를 간성 구취라고 하며, 흔히 썩은 달걀과 마늘이 섞인 듯한 냄새로 묘사된다.

진단 혈액 검사와 엑스레이, 스캔, 내시경 검사 같은 영상 검사는 기저 질환을 확인하는 데 도움이 될 수 있다. 예를 들어 내시경 검사 중에 시행한 조직 검사가 셀리악병을 시사하는 소견을 보일 수도 있다. 또한 특정 호흡 검사도 유용하게 쓰인다. 이 검사는 특정한 당 용액을 마신 후 방출되는 가스를 측정하여 소장 세균 과증식증이나 유당 또는 과당 불내증과 같은 질환을 의심하는 데 활용할 수 있다. 다만 유당 불내증의 경우 별도의 검사가 필요하지 않은 경우가 많으며, 유당을 제한한 식단에서 증상이 호전되는지 확인하는 것만으로도 진단할 수 있다.

치료 식단이 원인일 경우, 특정 음식을 확인하고 피하는 것이 해결책이 될 수 있다. 예를 들어 유당 불내증이 있는 사람은 유당 섭취를 줄이고, 셀리악병이 있는 사람은 글루텐을 제거하는 것이 증상 완화에 도움이 된다. 과민대장증후군과 같은 질환에서는 저포드맵 식단을 따르는 것이 효과적일 수 있다. 이 식단은 특정한 포드맵이 풍부한 음식을 일시적으로 배제한 뒤, 하나씩 다시 도입하며 개인에게 영향을 주는 특정 식품을 찾아내는 방식이다. 저포드맵 식단은 등록된 영양사의 지도 아래 진행하는 것이 바람직하다. 식사 습관을 조절하는 것도 중요하다. 식사 시간을 조정하고, 식사 횟수를 나누어 먹으며, 음식을 천천히 씹어 삼켜 공기 삼킴을 최소화하는 것이 도움이 될 수 있다. 약물치료로는 복부 경련을 줄이는 진경제를 처방받을 수 있으며, 변비나 설사 증상이 동반되는 경우 완하제나 지사제가 증상 조절에 도움을 줄 수 있다.

트림은 입을 통해 공기를 배출하는 정상적인 생리 현상이다.

복부 통증

모든 복부 통증이 같은 것은 아니다.
통증은 종종 복부의 특정 부위와 관련이 있으며,
그 원인도 다양하다.

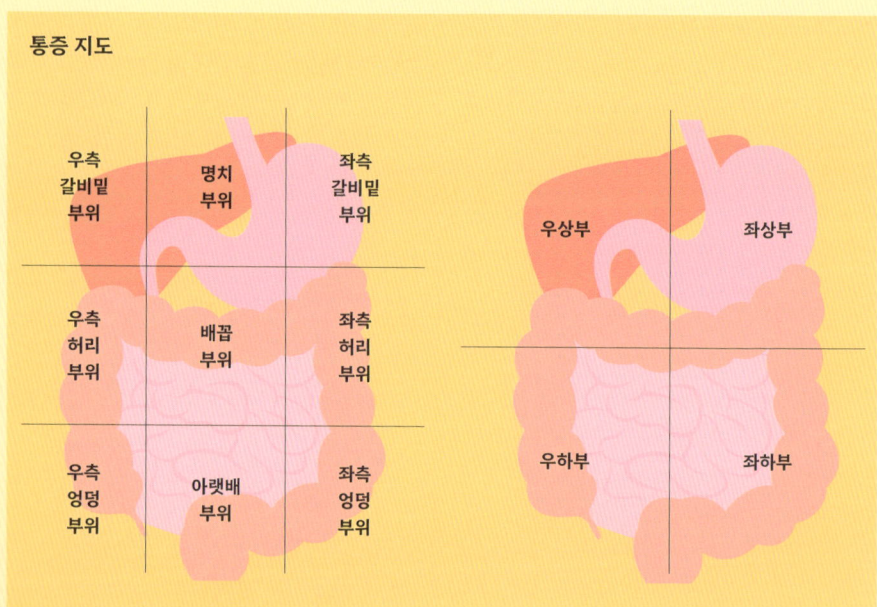

통증 지도

우측 갈비밑 부위 | 명치 부위 | 좌측 갈비밑 부위
우측 허리 부위 | 배꼽 부위 | 좌측 허리 부위
우측 엉덩 부위 | 아랫배 부위 | 좌측 엉덩 부위

우상부 | 좌상부
우하부 | 좌하부

의사는 복부 통증의 원인이 되는 장기를 파악하기 위해 복부를 여러 구역으로 나눈다. 통증의 특성을 보다 자세히 묻고, 신체 검진과 영상 검사를 시행하면 가장 가능성이 높은 진단을 찾는 데 도움이 된다.

증상 복통은 날카롭거나 찌르는 듯한 통증, 타는 듯한 느낌, 묵직하고 가스가 찬 듯한 불편감까지 다양하게 나타날 수 있으며, 이 모든 감각이 복합적으로 나타나기도 한다. 통증은 계속될 수도 있고 간헐적으로 나타날 수도 있으며, 국소적으로 느껴지거나 전신적인 증상으로 나타날 수도 있다. 또한 경미한 통증에서부터 심각한 통증까지 강도도 다양하다. 복통은 위, 간, 쓸개, 장, 충수돌기, 신장, 생식기관 등 복강

내 어떤 장기에서든 발생할 수 있다. 복통의 원인은 다양하기에 의사는 여러 증상의 특징을 조합하여 진단을 내리게 된다. 이를 위해 통증이 시작된 원인을 이해하는 것이 중요한데, 환자의 병력을 면밀히 조사하여 기저 질환, 최근 복용한 약물의 변화, 기타 관련된 경험 등을 확인해야 한다.

진단 의사는 증상을 구체적으로 파악하고 진단을 내리기 위해 'OPQRST' 접근법을 사용할 수 있다. 또한 발열, 메스꺼움, 구토, 혈변 등의 동반 증상이 특정 질환과 연관될 수도 있다. 예를 들어 급성 췌장염은 등으로 뻗어 가는 급성의 날카로운 명치 통증으로 나타나며, 앞으로 숙이면 통증이 완화되고 반대로 평평하게 누우면 악화되는 특징이 있다. 이와 함께 메스꺼움과 구토가 동반될 수도 있다.

신체 검사는 통증의 원인을 더 자세히 평가하는 데 도움을 준다. 복부를 시각적으로 관찰하고, 청진하며, 두드려 보고 눌러 보는 방식으로 검사할 수 있다. 예를 들어 복부가 부풀어 있고 장음이 들리지 않는다면 장폐색(장운동 정지)을 의심할 수 있다. 혈액 검사는 염증이나 감염의 지표를 확인하고, 어떤 장기가 영향을 받았는지 파악하는 데 도움을 준다. 보다 정확한 진단을 위해 초음파, 엑스레이, CT 또는 MRI 같은 영상 검사나 내시경 검사를 통해 통증의 원인을 찾을 수도 있다.

치료 복통 치료는 원인에 따라 달라진다. 일부 경우에는 간단한 조치만으로 증상이 완화될 수 있다. 예를 들어 식중독은 충분한 휴식과 수분 섭취만으로 빠르게 회복될 수 있지만, 일부 질환은 시간이 걸리며 약물치료가 필요할 수도 있다. 위식도역류질환은 위산 억제제를 사용하면 점진적으로 호전된다. 급성 췌장염이나 염증성 장 질환 악화는 입원이 필요할 수도 있으며, 맹장염과 같은 질환은 응급 수술을 통해 병든 장기를 제거해야 할 수도 있다. 일반의약품 진통제는 통증 완화에 도움이 될 수 있지만, 비스테로이드성 소염제 같은 약물은 위궤양과 같은 특정 질환을 악화시킬 수 있어 주의가 필요하다.

또한 모든 복통이 구조적인 이상에서 비롯되는 것은 아니다. 뇌와 장은 밀접하게 연결되어 있어 감정적 스트레스가 통증을 더욱 심하게 만들 수도 있다. 영상 검사에서 아무런 이상이 발견되지 않았다고 해서 통증이 상상이거나 덜한 것이 아니다. 구조적인 원인이 없는 통증도 충분히 심각할 수 있으며, 환자의 삶의 질에 큰 영향을 미칠 수 있다. 이러한 경우, 증상 완화에 초점을 맞춘 치료나 행동치료가 통증을 줄이고 정상적인 생활을 되찾는 데 도움이 될 수 있다.

복통은 복강 내 어떤 장기에서든 발생할 수 있다.

변비

대부분의 사람들이 변비를 경험해 본 적이 있지만,
만성적인 경우에는 식습관 변화 이상의 치료가 필요할 수도 있다.

증상 변비는 흔한 증상으로, 배변 횟수가 적거나 대변이 단단하고, 배변이 어려운 상태를 의미한다. 대부분의 경우 변비는 일시적으로 발생하며 특별한 치료 없이도 해결된다. 변비는 배변 횟수, 변의 단단한 정도, 배변 시 힘을 얼마나 주어야 하는지, 배변 후에도 완전히 비워지지 않은 느낌이 드는지, 장에 막힌 듯한 느낌이 있는지, 또는 손으로 직접 대변을 빼내야 하는지 등에 따라 달라질 수 있다.

변비의 원인 중 일부는 장 자체와 관련이 있다. 대표적으로 만성 특발성 변비와 변비형 과민대장증후군이 있다. 만성 특발성 변비는 대변이 대장에서 느리게 이동하는 것이 주요 원인으로 추정된다. 변비형 과민대장증후군과 만성 특발성 변비의 가장 큰 차이는 변비형 과민대장증후군에서는 통증과 불편함이 동반된다는 점이다. 변비형 과민대장증후군의 원인은 단순히 장운동이 느려지는 것이 아니라 유전적, 환경적, 심리적 요인이 복합적으로 작용하는 것으로 알려져 있다.

변비는 단순한 기능적 문제 외에도 이차적 원인에 의해 발생할 수 있다. 예를 들어 장에 생긴 흉터 조직이나 종양이 대변이 지나가는 길을 막아 변비를 유발할 수 있다. 또한 변비는 갑상샘 기능 저하증, 당뇨병과 같은 내분비 질환이나 다발성 경화증, 뇌졸중, 아밀로이드증과 같은 신경계 질환의 부작용으로도 발생할 수 있다. 임신 역시 호르몬 변화로 인해 장의 운동성이 감소하면서 변비를 유발할 수 있다. 그뿐만 아니라 마약성 진통제, 특정 항우울제, 철분 보충제, 일부 제산제 등 많은 약물이 장운동을 느리게 만들어 변비를 초래할 수 있다.

진단 만성적이거나 심한 경우가 아니라면, 변비를 진단할 때 대부분의 의사는 기본적인 질문을 통해 변비 여부를 평가한다. 배변 빈도, 대변의 형태 및 질감, 변비를 유발할 수 있는 이차적 원인이 있는지 확인하는 것이 일반적이다. 간단한 검사 중 하나로 곧창자 검사를 시행할 수 있다. 이는 의사가 장갑을 낀 손가락을 곧창자에 삽입해 종양과 같은 물리적인 장애물이 있는지 확인하는 방법이다. 만약 원인이 명확하지 않다면, 추가적인 혈액 검사, 영상 검사, 대장내시경 검사 등을 실시할 수 있다. 이를 통해 변비를 유

**어떤 완하제든 장기적인 사용은
전문가의 평가를 받아야 한다.**

발하는 기저 질환이나 구조적 문제가 있는지를 확인할 수 있다. 특정 영상 검사는 대변이 대장을 통과하는 데 걸리는 시간을 평가할 때 사용될 수 있다. 또한 배변에 관여하는 근육의 수축력을 평가하는 검사도 있다(116~117쪽 참조). 변비가 단순히 장운동 문제 때문이 아니라, 골반바닥 근육이 항문 괄약근과 조화를 이루지 못해 대변을 원활하게 밀어내지 못하는 경우도 있기 때문이다.

치료 식이 조절은 변비 예방과 치료에서 가장 기본적인 접근법이다. 적절한 수분과 식이섬유 섭취를 병행하면 대변의 질감과 배변 규칙성이 개선될 수 있다. 만약 이러한 방법이 효과가 없다면, 영양사와 상담을 받아 보는 것도 도움이 될 수 있다. 또한 규칙적인 신체 활동과 심리적 스트레스 감소는 장운동을 촉진하고 변비를 완화하는 데 도움이 된다.

변비 치료를 위한 의학적 치료법도 다양하다. 대변 연화제(스툴 소프너)는 잘록창자(대장)에서 물이나 지방을 끌어와 대변을 부드럽게 해 주는 역할을 한다. 삼투성 완하제(예: 시트르산 마그네슘)는 장으로 수분을 끌어들여 대변을 부드럽게 만든다. 자극성 완하제(예: 센나)는 장의 연동운동을 촉진해 대변이 장을 통과하는 속도를 높이는 역할을 한다. 특정 처방약(예: 루비프로스톤, 리나클로타이드, 플레카나타이드, 프루칼로프라이드)은 장 점막에서 수분 분비를 증가시키고 장운동을 가속화하는 데 도움을 주며, 특히 과민대장증후군 변비형과 같은 특정 질환에 사용된다. 어떤 완하제든 장기적인 사용은 전문가의 평가를 받아야 한다. 특히 자극성 완하제는 약물 의존성을 유발할 수 있으며, 장기 사용 시 효과가 감소할 가능성이 있기 때문이다.

변비 완화에 도움이 되는 음식

프룬(말린 자두)   키위   귀리

사과   무화과   치아씨드

설사

누구나 일생에 한 번쯤은 설사를 경험한다.
변비와 마찬가지로 설사 역시
질병이 아니라 하나의 증상이다.

증상 하루 세 번 이상 배변하는 경우는 일반적인 범위를 벗어난 것으로 볼 수 있지만, 대변의 양과 상태는 사람마다 다를 수 있다. 대부분의 설사는 삼투성 설사와 분비성 설사 두 가지 유형으로 나뉜다. 이 두 가지는 서로 배타적인 개념이 아니며, 일부 질환에서는 두 유형이 동시에 나타날 수도 있다.

삼투성 설사는 장이 특정한 영양소나 분자를 제대로 흡수하지 못해, 이들이 장내에서 물을 끌어들이면서 발생하는 설사를 의미한다. 예를 들어 유당 불내증(락토스 불내증) 환자의 경우, 소화되지 않은 유당이 장내로 수분을 끌어들여 묽은 변을 유발한다. 삼투성 설사는 해당 물질을 섭취하지 않으면 증상이 사라진다.

분비성 설사는 감염과 같은 요인으로 인해 장세포가 전해질을 과다하게 분비하고, 이로 인해 수분이 장으로 빠져나가면서 발생한다. 염증성 장 질환이나 셀리악병과 같은 질환에서도 장 점막이 손상되면서 수분 흡수가 원활하지 않아 설사가 지속될 수 있다.

진단 의사는 설사의 원인을 파악하기 위해 먼저 설사가 급성인지 만성인지, 설사의 양이 많은지 적은지, 대변의 상태가 물처럼 묽은지, 기름진지, 혈변인지 확인한다. 또한 기저 질환이 있는지, 특정 약물을 복용 중인지, 최근 해외여행을 다녀왔는지도 중요한 단서가 된다.

설사가 4주 미만 지속되면 급성 설사로 분류되며, 대부분 감염이나 새로운 약물 복용과 관련이 있다. 반면 4주 이상 지속되는 경우 만성 설사로 분류되며, 이는 셀리악병(소아 지방변증)이나 유당 불내증 같은 흡수장애, 클로스트리디오이데스 디피실리균 감염, 거대세포바이러스, 단순포진바이러스 감염, 허혈성 대장염, 염증성 장 질환, 당뇨병성 신경병증과 같은 운동성 장애, 과민대장증후군, 내분비계 질환 및 종양과 같은 다양한 원인에 의해 발생할 수 있다. 장관영양(영양 공급을 위한 삽입 튜브)을 사용하는 경우에도 만성 설사가 발생할 수 있다. 설사의 원인을 정확히 파악하기 위해서는 대변 검사, 혈액 검사, 영상 검사(CT, MRI), 대장내시경 검사 등이 필요할 수 있다.

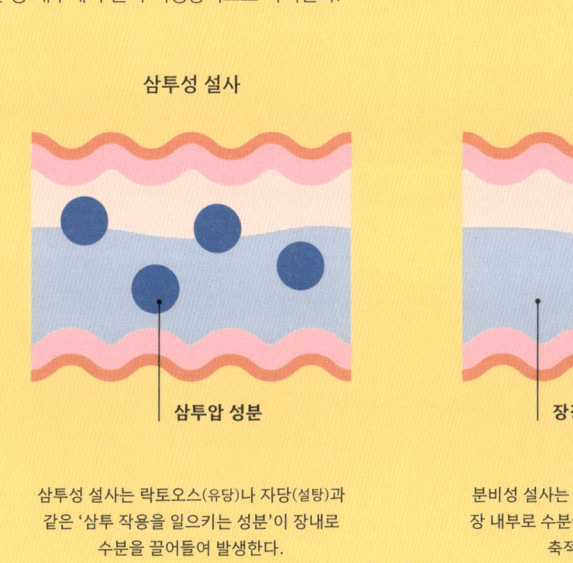

삼투성 설사 VS 분비성 설사
건강한 장에서는 장강(속공간) 안의 수분이 체내로 흡수된다. 하지만 삼투성 설사나 분비성 설사가 발생하면 장 내부에 수분이 비정상적으로 축적된다.

삼투성 설사

분비성 설사

삼투압 성분

장강 내 축적된 수분

삼투성 설사는 락토오스(유당)나 자당(설탕)과 같은 '삼투 작용을 일으키는 성분'이 장내로 수분을 끌어들여 발생한다.

분비성 설사는 장 세포에서 분비된 전해질이 장 내부로 수분을 끌어들여 장강 내에 수분이 축적되면서 발생한다.

치료 설사의 치료 방법은 원인에 따라 달라질 수 있다. 급성 설사는 주로 감염과 관련이 있기 때문에 경우에 따라 항생제가 처방되기도 한다. 감염 원인이 명확하게 밝혀지면, 해당 병원균에 맞춘 항생제나 항기생충 치료제를 사용할 수 있다.

만성 설사의 경우, 기저 질환을 치료하는 것과 함께 증상 완화를 위해 장운동을 늦추는 지사제를 처방하기도 한다. 쓸개 절제술(쓸개 제거술) 이후 발생하는 설사를 완화하기 위해 특정 약물을 사용하여 과도한 쓸개즙을 제거하는 방법도 있다. 설사의 원인을 파악하기 위해 대변 검사를 시행하여 염증 세포나 특정 세균의 존재 여부를 확인하고, 전해질 및 지방 함량을 측정해 기저 질환을 감별하기도 한다.

실금

대변 실금은 매우 불편하고 당혹스러운 증상이며,
사회적으로 낙인이 찍히는 경우도 많아
정신적 부담이 크다.

증상 대변 실금은 대변이 새어 나오거나 배변 조절이 어려운 상태를 말한다. 이는 개인 위생을 유지하는 데 불편함을 초래하고 경제적 부담을 증가시킬 수 있다. 실금은 기저 질환으로 인해 삶의 질을 저하시킬 뿐만 아니라, 사고에 대한 두려움으로 인해 사회적 고립을 초래할 수도 있다. 대변 실금의 원인은 다양하다. 골반바닥근육이나 항문 주변 근육이 손상되거나 신경이 손상되면서 발생할 수 있다. 이는 출산이나 외상에 의해 생길 수도 있고, 다발성 경화증과 같은 신경 질환에 의해 유발될 수도 있다. 또 만성 설사나 변비가 실금을 유발하는 경우도 있다.

진단 실금의 정도를 평가하는 것뿐만 아니라, 기능 이상이 발생한 원인을 찾기 위해 다양한 검사가 필요할 수 있다. 항문 괄약근의 상태와 곧창자의 수축력을 평가하기 위해 곧창자 검사(항문 수지 검사)를 시행할 수도 있다. 또한 혈액 검사와 대변 검사를 통해 당뇨병이 제대로 조절되지 않았거나 감염성 질환이 있는지 확인할 수 있다.

종양이 장을 막아 액체 형태의 변이 넘쳐흘러 실금이 발생하는 경우도 있기 때문에, 이를 확인하기 위해 대장내시경 검사가 필요할 수 있다. 항문 근육층의 상태를 보다 정밀하게 평가하기 위해 초음파 기능이 장착된 특수 내시경을 사용할 수도 있다. 또 다른 영상 검사로는 배변 조영 검사가 있다. 이 검사는 곧창자를 바륨 반죽으로 채운 후 엑스레이 또는 MRI를 이용해 환자가 바륨을 배출하는 동안 곧창자의 움직임을 촬영하는 방식으로 진행된다. 근육 기능을 측정하기 위해 항문곧창자압 측정 검사를 시행할 수도 있다. 이 검사는 곧창자와 항문 내 압력을 측정하여 괄약근이 얼마나 효과적으로 수축하는지 확인하는 데 사용된다. 또 풍선 배출 검사를 시행하여 곧창자와 항문 근육이 공기나 물이 채워진 풍선을 제대로 배출할 수 있는지 평가할 수도 있다.

치료 치료 방법은 실금의 원인과 중증도에 따라 달라진다. 가벼운 경우에는 식이 조절만으로도 증상을 완화할 수 있으며, 특히 식이섬유 섭취를 늘려 배변을 규칙적으로 조절하는 것이 도움이 될 수 있다. 설사가 원인이라면 지사제나 식이섬유 보충제를 사용해 변을 더 단단하게 만드는 방법이 고려될 수 있다. 골반바닥근 운동(예: 케겔 운동)은 대변 조절을 담당하는 근육을 강화하는 데 도움이 될 수 있다. 또한 바이오피드백 치료와 신경 자극기 삽입술을 통해 골반바닥과 항문 괄약근의 기능을 훈련하고 강화하는 방법도 있다. 보다 중증의 경우에는 항문 괄약근을 복구하는 수술이나 인공 항문 괄약근 삽입술을 고려할 수도 있다.

배변 장애

배변 장애는 곧창자의 근육 협응 문제나 구조적 이상으로 인해 변을 배출하는 데 어려움을 겪는 상태를 의미한다.

증상 항문곧창자 기능 장애는 항문 주위의 근육과 신경이 제대로 작동하지 않아 항문이 열리지 않고 변이 배출되지 않는 상태이다. 골반바닥근 이상 협응증은 골반바닥근의 근육 협응이 제대로 이루어지지 않아 변을 내보내는 데 어려움을 초래한다. 곧창자탈출은 곧창자 벽이 불룩하게 돌출되는 현상으로, 곧창자의 근육이 정상적으로 변을 밀어내기 어렵게 만든다. 곧창자탈출증은 곧창자 근육이 약해져 곧창자가 신체 밖으로 돌출되면서 배변이 어려워지는 상태다.

진단 배변 장애가 의심될 때 시행하는 검사로는 배변 조영술, 풍선 배출 검사, 항문곧창자 내압 검사가 있다. 배변 조영술은 곧창자에 방사선에 보이는 조영제를 채운 후, 환자가 힘을 주어 변을 배출하는 동안 엑스레이 영상을 촬영하는 검사이다. 풍선 배출 검사는 곧창자에 작은 풍선을 삽입한 후 공기를 주입하여 부풀린 뒤, 환자에게 풍선을 배출하도록 요청하고 그 시간을 측정하는 방식으로 진행된다. 항문곧창자 내압 검사는 곧창자에 카테터를 삽입하여 항문과 곧창자의 근육이 수축하는 압력을 측정하는 검사이다. 때때로 항문 괄약근이 곧창자 근육에 비해 너무 강하게 조여지는 경우, 협응 장애(이상 협응증) 진단이 내려질 수 있다.

치료 배변 장애를 치료하기 위해서는 화장실에서의 올바른 자세 및 배변 습관을 익히는 훈련이 필요할 수도 있다. 또한 곧창자와 항문 근육의 협응을 다시 조정하는 바이오피드백 치료가 도움이 될 수 있다. 심한 변비로 지속적인 고통을 겪는 경우, 보다 침습적인 치료법이 필요할 수도 있다. 예를 들어 골반 근육에 보톡스 주사를 놓아 근육을 이완시키거나, 심한 경우 대장의 일부를 제거하는 수술을 시행하기도 한다.

풍선 배출 검사는
곧창자에 작은 풍선을 삽입한 후
공기를 주입하여 부풀린다.

많이 하는 질문들

위궤양은 스트레스 때문에 생기는 것인가?

아니다. 흡연, 음주, 그리고 비스테로이드성 소염진통제 복용도 위궤양 발생 위험을 높일 수 있다. 심리적 스트레스뿐만 아니라 중증 질환과 같은 생리적 스트레스도 위궤양의 위험을 증가시킬 수 있다.

•

매운 음식이나 기름진 음식이 역류를 악화시키는가?

과학적으로 명확한 근거는 없지만, 많은 사람들이 이러한 음식이 위산 역류를 악화시킨다고 보고한다. 위산 역류를 유발하는 요인은 다양하므로 본인에게 증상을 일으키는 음식이 있다면 피하는 것이 좋다.

•

모든 복통이 응급 상황인가?

맹장염과 같이 즉각적인 치료가 필요한 복통도 있지만, 어떤 복통은 저절로 호전되기도 한다. 때때로 열과 같은 다른 증상이 함께 나타나면 더 심각한 질환을 시사할 수도 있다. 확신이 서지 않는다면, 전문가의 진료를 받아 보는 것이 가장 좋다.

•

변에 피가 섞여 있으면 항상 대장암 신호인가?

변에 피가 섞여 있는 것은 결코 '정상'이 아니다. 따라서 대장암과 같은 심각한 원인을 배제하기 위해 반드시 의사의 진료를 받아야 한다. 치질, 항문 열상, 대장 게실 출혈 등과 같은 비교적 흔한 양성 질환도 출혈을 유발할 수 있다.

모든 복통이 장기에서 비롯되는 건가?

꼭 그렇지는 않다. 복부 바깥쪽을 이루는 복벽이 통증의 원인이 될 수도 있다. 근육이나 신경 손상으로 인한 통증이 있을 수 있지만, 이는 복강 내 장기에서 비롯된 것은 아니다. 또한 복강 내벽인 복막이 복강 내에 고인 감염된 액체 때문에 자극받거나 염증이 생기면 통증이 생길 수도 있다.

•

위산 역류가 있으면 반드시 속쓰림도 함께 나타나는가?

모든 위산 역류 환자에게 속쓰림 증상이 나타나는 것은 아니다. 어떤 사람들은 별다른 자각 증상 없이 일상생활을 하다가 내시경 검사에서 만성 염증의 징후가 발견되기도 한다. 또 다른 사람들은 전형적인 속쓰림 증상 대신 쉰 목소리나 목소리 변화처럼 위산이 성대 주변 기도까지 올라가 생기는 증상을 보이기도 한다.

•

메스꺼움과 구토는 항상 소화기관 문제 때문인가?

꼭 그렇지는 않다. 귓병 중 일부는 우리 몸의 평형 감각을 조절하는 기능을 방해해 어지러움과 함께 메스꺼움을 유발할 수 있다. 또한 특정 뇌 질환도 조절하기 어려운 메스꺼움과 구토를 일으킬 수 있다.

•

피를 토하는 것이 정상일 수도 있는가?

아니다. 피를 토하는 것은 절대 정상적인 증상이 아니다. 간혹 붉은색 음식을 섭취한 후(예: 비트주스) 토할 때 혈액처럼 보일 수 있지만, 그렇지 않다면 반드시 의사와 상담해야 한다.

Chapter 6

무언가
잘못되었을 때

소화 장애

소화기관에서는 다양한 문제가 생길 수 있다.
그렇다고 해서 한 사람이 지금부터 소개할 모든 문제를 다 겪는 건 아니다.
위에서 아래까지, 하나씩 살펴보자.

위에서 아래까지 살펴보는 소화기관

입
(122~123쪽 참조)

쓸개
(151~153쪽 참조)

간
(143~147쪽 참조)

쓸개관
(153쪽 참조)

식도
(123~127쪽 참조)

위
(128~130쪽 참조)

췌장
(148~150쪽 참조)

창자
(131~142쪽 참조)

입과 식도

입안마름증(구강건조증)

입안마름증(구강건조증)은 침의 분비가 줄어들어 음식을 씹기 어렵고, 미각과 후각이 무뎌지며, 목이 아프고, 충치가 생길 위험이 커지는 증상이다. 이 증상은 침샘에 영향을 주는 여러 질환으로 인해 나타날 수 있는데, 예를 들어 방사선치료, 쇼그렌증후군 같은 자가면역질환, 그리고 일부 항우울제, 혈압약, 항히스타민제 등이 원인이 될 수 있다.

진단 대부분 검사보다는 증상을 토대로 한 '임상적 진단'으로 내려진다. 다만 경우에 따라 원인 질환을 밝히기 위한 구체적인 검사가 필요할 수도 있다.

치료 원인에 따라 치료법이 다르며, 문제를 일으키는 약을 바꾸는 것처럼 비교적 간단한 조치로 해결되는 경우도 있다.

칸디다증(아구창)

입안에 생기는 질환으로, 흰색의 얇은 막처럼 보이는 반점이 특징이다. 이는 곰팡이 종류인 칸디다균이 원인이다. 칸디다균은 원래 입안에 존재하지만, 스테로이드 치료를 받았거나 면역력이 떨어진 상황(예: 항암치료, HIV 감염, 조절되지 않는 당뇨병)에서는 과도하게 증식할 수 있다. 이 흰 반점이 식도까지 퍼지면 식도 칸디다증이라 하며, 이로 인해 음식을 삼키기 어려운 증상(삼킴곤란)이 생길 수 있다.

진단 환자의 입안이나 식도를 직접 들여다보면서 이뤄진다.

치료 약이 들어 있는 가글액이나 먹는 약을 처방받아 사용한다.

아프타 궤양

아프타 궤양은 입안에 생기는 통증성 궤양으로, 흔히 구내염이라고도 불린다. 면역계 이상, 영양 결핍, 의치 등으로 인한 지속적인 물리적 자극, 알레르기, 입안 건조 등이 원인이 될 수 있다. 때로는 염증성 장 질환이나 베체트병처럼 전신 염증 질환의 일부로 나타나기도 한다.

진단 입안에 생긴 궤양을 눈으로 확인하면서 이루어진다.

치료 원인을 해결하고, 자극이 되는 음식이나 추가적인 물리적 손상을 피하며, 통증을 줄이기 위한 국소 진통제나 마취제를 바르는 방식으로 이뤄진다. 궤양이 심하거나 오래 지속되면 별도의 약물치료가 필요하다.

헤르페스 궤양

헤르페스 궤양(일명 입술포진)은 아프타 궤양과는 달리 각질층이 한 겹 더 있는 것이 특징이다. 주로 단순포진바이러스 1형(HSV-1)에 의해 발생하지만, 보통 생식기 포진을 일으키는 HSV-2도 드물게 입안 병변을 유발할 수 있다. 대부분의 사람은 어린 시절에 이 바이러스에 감염되며, 일단 감염되면 바이러스는 몸속 신경계에 잠복하게 된다. 이후 스트레스나 면역 저하 등 특정 자극에 의해 다시 활성화되며, 처음에는 작은 수포로 나타났다가 터지면서 통증을 동반한 궤양으로 변한다. 보통 회복까지는 약 2주 정도 걸린다.

진단 필요한 경우 HSV-1 바이러스를 확인하는 검사로 이루어진다.

치료 먹는 항바이러스제나 바르는 약 형태의 항바이러스제를 처방받아 사용할 수 있다.

젠커 게실

나이가 들어 생길 수 있는, 식도 벽이 밖으로 불룩 튀어나오는 질환이다. 목 뒤쪽에는 식도 벽을 지탱해주는 근육이 약한 부분이 있는데, 이곳에 식도 벽 일부가 주머니처럼 돌출될 수 있다. 이런 구조는 음식을 삼키기 어렵게 하고, 또는 음식물이 주머니에 남아 구취를 유발할 수 있다.

진단 바륨을 삼킨 뒤 엑스레이를 찍는 조영 검사를 통해 이루어진다.

치료 내시경을 이용해 게실과 식도 사이의 벽을 절개해 주머니를 식도 속 공간과 하나로 이어지게 만드는 방식으로 진행된다.

호산구성 식도염

호산구성 식도염은 식도 점막에 염증이 생기고, 그 중심에 호산구라는 면역세포가 주로 모이는 질환이다. 호산구는 우리 몸의 면역 반응, 특히 알레르기와 관련된 반응에 관여하는 주요 세포 중 하나이다. 원래 식도 점막에는 호산구가 거의 없지만, 이 질환에서는 식도에 호산구가 비정상적으로 많이 모이면서 염증 반응이 생긴다. 주요 증상으로는 음식 삼키기 어려움, 가슴 통증, 그리고 음식이 식도에 걸려 제거 시술이 필요한 경우가 있다. 실제로 이렇게 음식을 빼내는 과정에서 이 병이 처음 발견되는 경우도 흔하다. 원인은 명확히 밝혀지지 않았지만, 음식 알레르기와 관련이 있을 가능성이 있다.

진단 내시경으로 식도를 관찰하면서 식도 점막 조직을 떼어내 검사한다. 이를 통해 호산구가 다량 존재하는지를 확인한다.

치료 알레르기 질환과 마찬가지로 장기간에 걸쳐 병의 재발을 막는 것을 목표로 한다. 대표적인 치료 방법으로는 특정 음식을 제거하는 식이요법, 위산분비억제제, 국소 스테로이드 치료가 있다. 치료하지 않고 방치하면 식도에 협착이 생길 수 있다.

식도 고리

식도에 생기는 고리나 막은 꽤 흔한 문제이다. 그중에서도 점막층에 생기는 '샤츠키 고리'는 위산 역류와 관련 있는 경우가 많아(104쪽 참조) 식도의 아래쪽에 생기는 경우가 많다. 대부분의 고리는 음식이 지나갈 수 있을 만큼의 공간을 남겨 두지만, 식도 지름이 약 13mm 이하로 좁아지면 고형 음식이 걸리는 일이 생길 수 있다.

고리는 보통 살아가면서 생기는 경우가 많은 반면, 식도 막은 선천적으로 생기는 경우가 많고 식도의 위쪽이나 중간 부위에 발생한다. 플러머-빈슨 증후군처럼 철분 결핍이 원인이 되기도 하며, 철분 상태가 회복되면 막이 사라지기도 한다.

진단 바륨 조영술(조영제를 삼킨 뒤 X선 촬영)이나 식도 위쪽에 대한 내시경 검사로 가능하다.

치료 일반적으로는 기계적으로 식도를 넓히는 확장술, 위산을 줄이는 약물(위산분비억제제) 복용, 경우에 따라 내시경 시술로 고리를 절개하는 방법이 있다.

식도이완불능증

식도이완불능증은 식도의 움직임에 이상이 생기는 질환으로, 식도 근육의 움직임이 비정상적으로 나타나 삼킴곤란, 가슴 통증, 또는 속쓰림을 유발할 수 있다. 식도이완불능증이 있는 경우 아래쪽 식도조임근이 제대로 이완되지 않고, 그 위쪽의 식도 근육들도 정상적으로 수축하지 못해(즉, 연동운동을 하지 못해) 음식이 아래로 내려가지 않는다.

만약 아래쪽 식도조임근은 정상적으로 이완되는

데도 연동운동에 문제가 있다면, 말단 식도 연축이나 '잭해머 식도'와 같은 다른 질환일 가능성도 있다. '잭해머 식도'라는 이름은 식도가 과도하고 강하게 수축해 마치 공사장에서 쓰는 잭해머처럼 느껴질 만큼 통증을 유발하는 데서 유래했다.

진단 먼저 식도에 구조적인 이상이 없는지를 확인하기 위해 영상 검사와 내시경 검사를 시행한 뒤, 식도의 운동성을 측정하는 검사(식도 내압 검사 등)를 통해 이루어진다.

치료 평활근 이완제와 같은 약물이 치료에 사용될 수 있는데, 이는 단기적으로 증상 완화에 도움이 될 수 있지만, 장기적인 효과는 떨어지는 편이다. 아래쪽 식도조임근에 보툴리눔 독소(보톡스)를 주사하는 방법도 식도이완불능증에 도움이 될 수 있으나, 반복 시술이 필요하다는 점에서 다소 번거롭다. 식도이완불능증 치료에 있어 더 확실한 방법은 조임근을 외과적으로 또는 내시경을 통해 절개하는 시술이다.

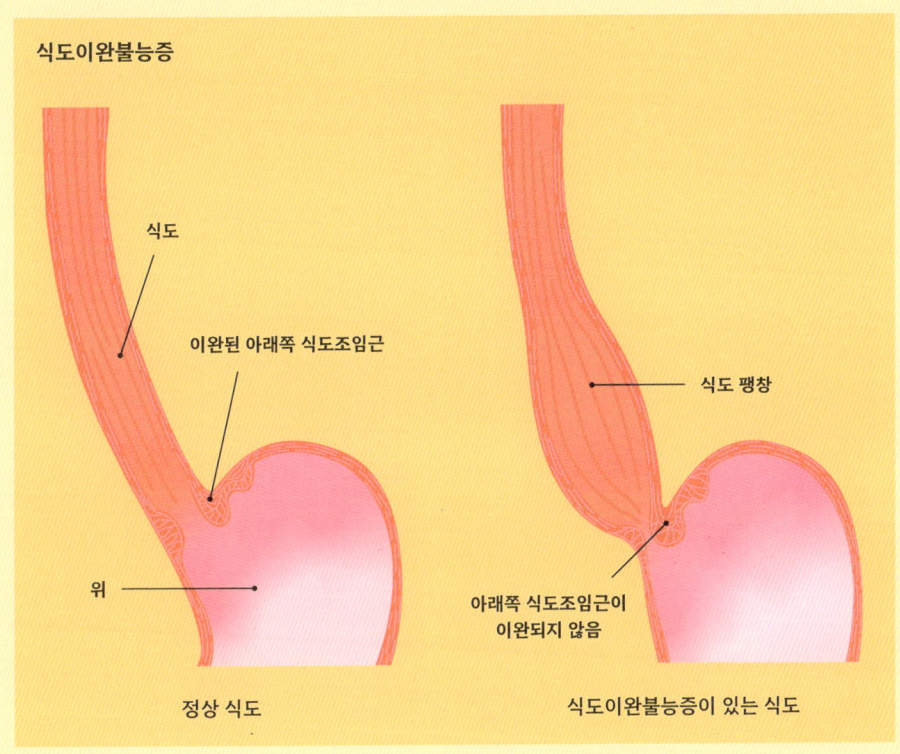

식도이완불능증

식도
이완된 아래쪽 식도조임근
위
정상 식도

식도 팽창
아래쪽 식도조임근이 이완되지 않음
식도이완불능증이 있는 식도

식도암

식도암의 발병률은 우려할 만한 속도로 증가하고 있으며, 2012년부터 2019년 사이 45~64세 연령층에서 두 배 가까이 늘어났다. 식도암은 크게 두 가지 유형으로 나뉘는데, 하나는 편평세포암종이고 다른 하나는 샘암종이다. 편평세포암종은 주로 식도의 상부나 중간 부위에서 발견되며 흡연 및 음주와 관련이 깊다. 가장 흔한 식도암 유형은 샘암종인데, 이는 주로 식도의 하부에서 발견되며 만성적인 위산 노출에 의해 생긴다.

진단 위산 역류가 오래 지속된 환자의 경우, 식도 하부에 나타나는 전암성 변화인 바렛 식도의 여부를 확인하기 위한 선별 검사가 권장된다.

치료 과거에는 식도에서 전암성 병변이 발견되면 식도의 일부를 절제하는 식도절제술이 표준 치료였다. 하지만 요즘은 덜 침습적인 방법으로 해당 부위를 제거해 암으로 진행되는 것을 예방하는 기술이 마련되어 있다. 초기 암은 대부분 증상이 없지만, 체중 감소와 삼킴곤란은 편평세포암종과 샘암종 모두에서 흔히 나타나는 증상이다. 내시경 검사를 통해 진단이 확정되면, 식도 안쪽 표면의 가장 얕은 층에 국한된 작은 암은 내시경적 절제가 가능하다. 그러나 더 큰 종양의 경우, 암이 퍼진 부위를 절제하는 수술이 필요하며 항암약물치료나 방사선치료가 함께 권장될 수 있다. 수술로 제거할 수 없는 경우에는, 금속 스텐트를 식도에 삽입해 음식이 위로 통과할 수 있도록 통로를 만들어 주는 시술이 시행되기도 한다.

가로막탈장

탈장은 어떤 기관이 근육이나 조직 벽의 약한 부위를 밀고 나와 튀어나오는 상태를 말한다. 미끄럼틈새탈장이나 식도곁탈장에서는 위의 일부가 가로막을 뚫고 가슴 안쪽으로 튀어나오게 된다. 위의 더 많은 부분이 가슴 쪽으로 올라올수록, 숨을 쉴 때 폐가 확장할 수 있는 공간이 줄어들면서 불편감이나 호흡기 증상이 더 심해질 수 있다.

진단 환자가 선 자세에서 기침하거나 힘을 줄 때 혹은 복부를 눌러 볼 때 불룩 튀어나오는 부분이 있는지 관찰하면서 이뤄진다. 겉으로 뚜렷하게 보이지 않는 경우에는 복부 초음파, CT, MRI 등의 영상 검사가 추가로 필요할 수 있다.

치료 작은 크기의 틈새탈장은 내시경을 이용한 시술로 치료가 가능하다. 하지만 큰 틈새탈장이나 식도곁탈장은 가로막의 구멍을 외과적으로 봉합하는 수술이 필요하다.

대부분의 경우, 식도 정맥류의 원인은 간경화증(간의 흉터 형성)이다.

말로리-바이스 열상과 뵈르하베 증후군

말로리-바이스 열상은 식도 점막이 찢어지는 경우를 말하며, 이로 인해 토혈(피를 토하는 것)이 생길 수 있다. 이보다 훨씬 심각한 경우가 뵈르하베 증후군인데, 심하게 구토하면서 식도 벽이 아예 찢어지는 것이다. 이 경우 심한 가슴 통증이 동반된다.

진단 말로리-바이스 열상은 위내시경 검사를 통해 진단하며, 뵈르하베 증후군은 수용성 조영제를 삼킨 뒤 X선 촬영을 통해 확인하게 된다.

치료 이 두 질환 모두에서 박테리아가 식도로 유입되는 것을 막기 위한 응급 수술이 필요하다.

식도 정맥류

식도 정맥류는 간문맥(간으로 피를 운반하는 큰 혈관)을 통한 혈류 흐름에 문제가 생기면서 혈관이 부풀어 오르는 것이다. 대부분의 경우 그 원인은 간경화증(간의 흉터 형성)이다. 정맥류에서 출혈이 발생하면, 혈관 내 압력이 높아진 탓에 피가 분수처럼 뿜어져 나오는 극적인 상황이 벌어질 수 있다.

진단 상부 위장관 내시경 검사로 이루어진다.

치료 대부분 내시경적으로 시행되며, 출혈 중인 혈관을 고무 밴드를 이용해 조이는 결찰기로 조여 출혈을 막는다.

정맥류
정맥류는 출혈 위험이 매우 크기 때문에, 내시경 전문의가 고무 밴드를 이용해 정맥을 묶어 피가 새어 나오는 것을 막는다.

위

위마비증

위마비증은 위가 비정상적으로 천천히 비워지는 질환이다. 흔한 원인으로는 당뇨병, 엘러스-단로스 증후군 같은 결합조직 질환, 수술 후 합병증 등이 있으며, 종종 원인을 알 수 없는 경우도 많다. 당뇨병을 오래 앓은 사람의 경우, 위의 신경이 제대로 작동하지 않아 식사 후 위가 정상적으로 수축하지 못한다. 또한 수술 과정에서 미주신경이 손상된 경우에도 위가 제대로 수축하거나 이완되지 않아 소화가 어려워진다. 원인이 무엇이든, 위마비증 환자들은 대개 더 부룩함, 복부 불편감, 메스꺼움, 구토 등의 증상을 호소한다.

진단 내시경 검사를 통해 위 출구가 막힌 구조적인 문제를 배제한 뒤, 위 배출 검사를 통해 음식물이 위에서 얼마나 오래 머무는지를 측정해 이루어진다.

치료 위 근육의 움직임을 도와주는 약물이 치료에 포함되지만, 일부 약물은 장기간 사용할 경우 얼굴이나 몸이 갑자기 이상하게 움직이는 부작용(지연성 운동장애) 등 되돌릴 수 없는 이상 반응을 일으킬 수 있다. 메스꺼움을 덜어 주는 약물과 함께 식사 습관을 조절하는 것이 증상 완화에 흔히 권장되는 방법이다. 보다 지속적인 해결책으로는 위 자극기나 인공박동기를 몸 안에 삽입하는 방법도 있다. 위 근육을 이완시키고 배출을 더 쉽게 하기 위한 일부 시술법도 연구 단계에서 시행되고 있다.

위꼬임증

위꼬임증은 위를 제자리에 고정해 주는 인대나 조직이 느슨해지면서 위가 스스로 꼬이는 상태를 말한다. 이런 증상은 종종 가로막탈장과 함께 나타난다. 위꼬임증이 생기면 갑자기 윗배에 극심한 통증이 생기고, 음식물 없이 헛구역질을 하게 되는 경우가 많다. 갑작스럽고 심하게 위가 꼬이면 위로 가는 혈류가 차단될 수 있어 위험하다.

진단 컴퓨터단층촬영, 내시경 검사, 또는 바륨 조영술 같은 영상 검사가 사용되어 방사선 전문의가 위 구조의 이상을 확인하는 데 도움이 된다.

위염은 위 점막에 생기는 염증을 말한다.

치료 급성 위꼬임증은 반드시 수술이 필요하다. 수술에서는 꼬인 위를 풀어 주고, 위를 고정시키며, 함께 동반된 가로막탈장을 교정하게 된다.

헬리코박터 파일로리 감염

헬리코박터 파일로리 감염은 전 세계에서 가장 흔한 세균 감염 중 하나로, 전 세계 인구의 절반 이상이 이 균에 감염되어 있을 것으로 추정된다. 이 감염과 관련된 질환으로는 위염, 소화성 궤양, 위암, 위림프종 등이 있다. 이 균이 발견되면서 세균이 암과 어떻게 관련될 수 있는지에 대한 인식이 완전히 바뀌었고, 위궤양 치료 방식도 크게 달라졌다. 예전에는 위궤양을 치료하기 위해 수술로 위를 잘라 내는 일도 있었지만, 지금은 항생제로 치료할 수 있게 된 것이다. 정확한 전파 경로는 밝혀지지 않았지만, 위 내용물이나 대변을 통한 사람 간의 전파가 주된 경로일 것으로 보인다.

진단 균을 찾는 검사로 이루어지며, 대변 검사, 혈액 검사, 숨결 검사, 또는 위내시경을 통한 조직 검사 등이 있다.

치료 보통 짧은 기간의 항생제와 위산 억제제를 함께 사용하는 방식이다.

위염

위 점막에 생기는 염증을 말하며, 대부분 만성적으로 진행된다. 그 원인 중 가장 흔한 것은 헬리코박터 파일로리 감염이다. 그 외에도 여러 가지 염증성 질환이나 다른 종류의 세균, 바이러스에 의해서도 생길 수 있다. 만성 위염이 있어도 증상이 없는 경우가 많지만, 염증이 심해지면 위궤양이 생기며 증상이 나타날 수 있다.

진단 일반적으로 위내시경을 통해 위 점막에서 조직을 떼어 내 검사하면서 이루어진다.

치료 항생제와 위산 억제제 등의 약물, 그리고 증상 완화를 위한 식이 조절이 포함된다.

만성 위축성 위염의 경우에는 지속적인 염증 때문에 위 점막이 점점 얇아지며 세포 재생이 따라가지 못하게 된다. 이런 변화는 만성 감염 때문일 수도 있지만, 우리 몸이 위의 벽세포나 내인자에 대해 자가항체를 만들어 공격하는 자가면역질환 때문에 생기기도 한다. 벽세포는 위산과 내인자라는 물질을 분비하는데, 내인자는 비타민 B12의 운반과 흡수를 돕는 역할을 한다. 벽세포가 파괴되면 위산 분비도 멈추게 되며, 이로 인해 영양 결핍과 암으로 이어질 수 있는 변화가 생긴다.

소화 궤양

위나 샘창자에 생긴 궤양을 말한다. 이 중에서도 위에 생긴 궤양은 '위궤양'이라 부른다. 궤양은 염증이 위 점막을 손상시켜 생기는데, 가장 흔한 원인은 헬리코박터 파일로리 감염과 비스테로이드성 소염진통제의 사용이다. 흡연, 스트레스, 음주도 궤양의 위험 요인으로 알려져 있으며, 이들 모두 위 점막의 방어력을 약하게 만든다고 여겨진다. 궤양으로 인한 가장 흔한 합병증은 출혈이다.

진단 소화성 궤양의 진단은 혈액, 숨결, 대변 검사 등을 통해 이루어지며, 이후 내시경 검사를 통해 확인된다.

치료 위산 분비를 억제하는 약물과 내시경 시술이 포함된다. 내시경을 통해 궤양 부위에서 조직을 채취해 헬리코박터 감염이나 암세포가 있는지의 여부를 확인하기도 한다. 출혈의 정도와 양상에 따라 지혈용 클립, 고온 소작술, 또는 혈관 수축 약물 주입 같은 다양한 방법으로 치료한다.

위암

위암은 여전히 전 세계에서 주요한 암 사망 원인 중 하나이며, 해마다 약 80만 명이 이 병으로 사망하고 있다. 특히 사망자의 대부분은 아시아 지역에서 발생한다. 위암은 '장형'과 '미만형'의 두 가지 유형으로 나뉘는데, 장형 위암이 더 흔하고 환경적·식이적 요인과 관련이 있는 것으로 알려져 있으며, 보통 나이 든 사람에게서 발생한다. 반면 미만형은 비교적 젊은 사람에게 나타나는 경향이 있다. 위샘암의 알려진 위험 요인으로는 헬리코박터 파일로리 감염, 만성 위축성 위염, 흡연, 특정 유전 질환 등이 있다. 아시아 지역에서 위암이 더 흔한 이유는 헬리코박터 감염률이 높고 소금이나 질산염 함량이 높은 음식을 많이 섭취하는 식습관 때문으로 여겨지지만, 이 식이 요인과 위암 사이의 연관성은 아직 명확히 밝혀지지 않았다.

진단 위암은 소화기 질환에서 흔히 나타나는 증상들과 겹치는 경우가 많아 진단이 늦어지는 일이 잦다.

치료 위암이 비교적 이른 시기에 발견되면, 암세포가 위 점막의 가장 얇은 층에만 국한되어 있을 가능성이 있으며, 이 경우 '내시경 점막하 박리술'이라는 내시경 기법을 이용해 병변을 제거할 수 있다. 그러나 많은 경우에서는 수술이 필요하며, 항암약물치료와 방사선치료가 함께 시행되기도 한다.

위암은 여전히 전 세계에서
주요한 암 사망 원인 중 하나이며,
해마다 약 80만 명이 이 병으로
사망하고 있다.

장

과민대장증후군

과민대장증후군(IBS)은 배변 습관과 횟수, 대변의 형태, 복통 등에 변화가 생기는 만성 질환이다. 영국 인구의 약 20%, 즉 다섯 명 중 한 명이 이 증후군을 겪고 있을 정도로 흔하지만, 아직까지 원인은 명확히 밝혀지지 않았다. 일부 연구에서는 뇌와 창자 사이의 상호작용에 문제가 생겨 장이 예민해지고 자극에 비정상적으로 반응하는 것으로 본다. 과민대장증후군의 가장 최신 정의에 따르면, 최근 3개월 동안 주 1일 이상 반복되는 복통과 함께 배변 습관이나 대변 모양의 변화가 있을 때 진단할 수 있다. 증상의 양상에 따라 크게 네 가지로 나뉜다. 변비가 주로 나타나는 변비형 과민대장증후군, 설사가 주된 증상인 설사형 과민대장증후군, 변비와 설사가 번갈아 나타나는 혼합형 과민대장증후군, 그리고 다른 유형에 명확히 속하지 않는 분류불능형 과민대장증후군이다.

진단 과민대장증후군의 진단은 아래 그림에 제시된 진단 기준을 충족하는지를 평가하는 방식으로 이뤄진다. 안타깝게도, 과민대장증후군을 확진할 수 있는 특정한 혈액 검사나 영상 검사는 없다. 이러한 검사

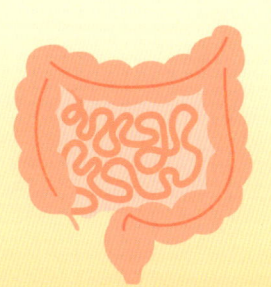

과민대장증후군의 아형

IBS-C(변비형)

주된 증상이 변비이며, 다음과 같은 증상이 함께 나타날 수 있다:
복부 불편감 또는 통증
복부 팽만감
배변 시 힘을 줘야 함

IBS-D(설사형)

주된 증상이 설사이며, 다음과 같은 증상이 함께 나타날 수 있다:
복통 또는 복부 불편감
갑작스럽게 화장실에 가고 싶은 느낌
가스

IBS-M(혼합형)

IBS-C와 IBS-D의 증상이 모두 나타나는 경우다.

IBS-U(분류불능형)

다른 IBS 유형에 해당하지 않는 증상이 나타나는 경우이다.

는 어디까지나 다른 병이 숨어 있는 건 아닌지 확인하기 위한 목적으로 시행된다.

치료 주된 증상이 무엇이냐에 따라 달라진다. 복부 팽만감이 주된 증상일 경우, 대표적인 접근법 중 하나는 저포드맵 식단이다(25쪽 참조). 영양사는 어떤 포드맵 성분이 과민대장증후군 증상을 유발하는지 파악하는 데 도움을 줄 수 있다. 페퍼민트차나 장의 경련을 줄이는 약도 증상 완화에 도움이 될 수 있다. 변비가 주 증상인 경우에는 변비에 맞춘 치료가, 설사가 동반될 경우에는 설사 완화에 중점을 둔 치료가 권장된다(각각 112~113쪽, 114~115쪽 참조).

소장세균과잉증식

소장세균과잉증식은 소장에서 세균이 지나치게 증식하는 상태이다. 이렇게 늘어난 세균은 다양한 방식으로 장에 영향을 준다. 대표적으로는 소장 점막을 손상시키거나, 미세융모에서 분비되는 효소를 감소시키고, 장 안에서 영양분을 세균이 먼저 사용하거나, 탄수화물을 발효시켜 정상적인 장의 대사를 방해하는 부산물을 만들어 낸다. 이런 변화가 결국 다양한 증상으로 이어진다. 소장세균과잉증식의 정확한 원인은 아직 밝혀지지 않았지만, 여러 요인이 복합적으로 작용하는 것으로 보인다. 예를 들어 원래는 일부 세균을 제거해 주는 역할을 하던 위산 환경이 변화하거나, 장의 운동성이 떨어져 세균이 증식하기 쉬운 상태가 되거나, 수술로 인해 장의 구조가 바뀌거나, 장을 보호해 주던 다른 방어 기전이 약해진 경우 등이 있다.

진단 보통 수소 또는 메탄 가스 수치를 측정하는 숨 검사(호기 검사)로 간접적으로 이루어진다. 하지만 이 검사가 항상 정확한 것은 아니다.

치료 소장세균과잉증식이 의심될 경우에는 과도하게 증식한 세균을 없애기 위해 항생제를 쓰는 치료를 하기도 한다.

식중독

세균, 세균이 만든 독소, 바이러스, 기생충, 식품 속 화학물질 등으로 오염된 음식을 먹고 생기는 질환이다. 위산 분비를 억제하는 약을 먹고 있거나 간 질환, 면역 결핍 같은 기저 질환이 있는 사람은 식중독에 더 잘 걸릴 수 있다. 식중독의 대표적인 증상은 배 아픔, 설사, 메스꺼움, 구토 등이다. 흔히 식중독을 일으키는 세균으로는 살모넬라, 캄필로박터, 클로스트리디움 퍼프린젠스, 쉬겔라, 대장균 등이 있다. 식품이 대량 생산되는 과정에서 식중독이 집단으로 발생하는 경우도 있다.

진단 주로 증상을 바탕으로 이뤄지며, 어떤 세균에 오염되었느냐에 따라 증상은 음식 섭취 후 1시간에서 48시간 사이에 나타날 수 있다.

치료 구토나 설사로 잃은 수분을 보충하는 것이 가장 중요하다. 탈수는 식중독에서 흔히 생기는 문제이기 때문이다. 일부 세균은 혈류에 침투해 심장 판막이나 뇌까지 감염시킬 수 있다. 보툴리눔 중독증처럼 드물지만 생명을 위협하는 마비가 생겨 인공호흡기에 의존해야 하는 경우도 있다.

셀리악병

셀리악병은 몸에서 글루텐에 대한 항체를 만들어 장 점막을 공격하는 자가면역질환이다. 이 항체는 장 안쪽의 점막을 평평하게 만들고, 원래 영양분 흡수를 도와주는 손가락 모양의 돌기인 융모를 없애 버린다. 밀, 호밀, 보리 같은 곡물에는 글루텐이 들어 있지만, 옥수수, 쌀, 기장 같은 곡물에는 글루텐이 없다. 셀리악병은 소화기관뿐만 아니라 몸의 거의 모든 기관에 영향을 줄 수 있다. 설사, 지방변(기름진 변), 배에 가스가 차는 느낌이나 더부룩함 같은 소화기 증상을 보이는 환자도 있지만, 체중 감소, 막연한 복부 불편감, 빈혈, 골감소증, 신경 증상처럼 더 미묘한 증상으로 나타나기도 한다. 피부에 가려운 발진이 생기는 피부병(포진성 피부염)이나 다른 자가면역질환이 동반되기도 한다.

진단 장 조직 검사로 융모가 손상된 모습을 확인해 이루어진다. 셀리악병과 관련된 혈중 항체 검사는 진단뿐 아니라 치료 경과를 확인하는 데에도 사용된다.

닳아 버린 장

셀리악병이 있는 사람은 글루텐에 노출되면 자가항체가 만들어지고, 이로 인해 염증 반응이 생긴다. 결국 흡수를 담당하던 장 내벽이 평평해지는 융모 위축이 생긴다. 하지만 글루텐을 피하면 손상된 융모는 다시 회복될 수 있다.

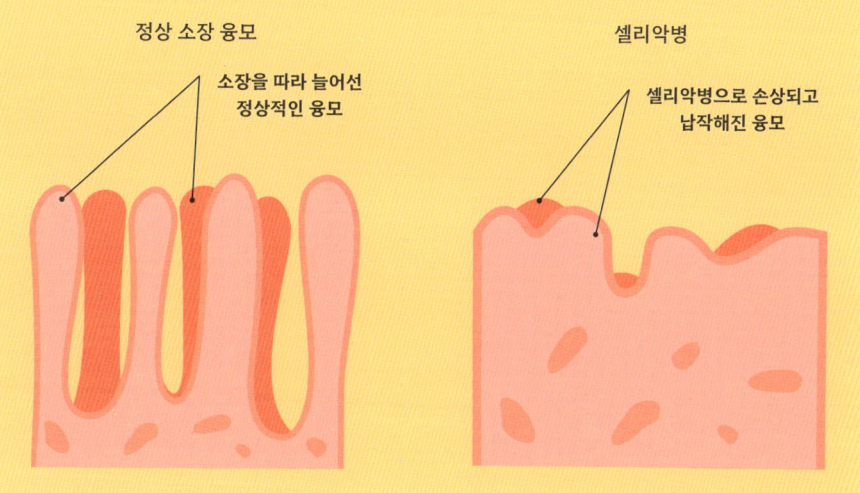

치료 평생에 걸쳐 글루텐이 없는 식단을 지키는 것을 기본으로 한다. 하지만 가공식품에는 글루텐이 숨어 있는 경우가 많아, 식단을 완전히 관리하는 일이 생각보다 쉽지 않다. 이런 숨은 글루텐 때문에 병이 나아지지 않기도 한다. 증상이 잘 낫지 않는 경우에는 추가 치료가 필요할 수 있고, 셀리악병이 있는 사람은 특정 림프암(세포림프종)의 위험이 높기 때문에 이를 배제하는 검사가 필요하다.

탈장

탈장은 창자 일부가 근육층의 약한 틈을 뚫고 나와 튀어나오는 상태를 말한다.

진단 탈장은 신체 검진만으로도 진단되는 경우가 많으며, 위치에 따라 겉으로 볼 수 있기도 하다. 사타구니 쪽에 생기면 서혜부 탈장, 배꼽을 통해 불룩 튀어나오면 배꼽 탈장이라 한다.

치료 가벼운 탈장의 경우에는 체중 감량이나 무거운 물건 들기, 배에 힘 주는 일처럼 배 속 압력을 높이는 활동을 피하는 것이 도움이 된다. 하지만 탈출된 창자가 다시 제자리로 돌아가지 않고 끼어 버리는 경우(감금 탈장), 더 나아가 혈류가 막히는 상황(꼬인 탈장)까지 생기면 응급 수술이 필요할 수 있다.

크론병

크론병은 염증성 장 질환 중 하나로, 입에서 항문까지 소화관 어디에서나 발생할 수 있는 만성 질환이다. 이 병의 특징은 '도약성 병변'이라고 해서, 장 전체가 고르게 아픈 것이 아니라 중간중간 건너뛰며

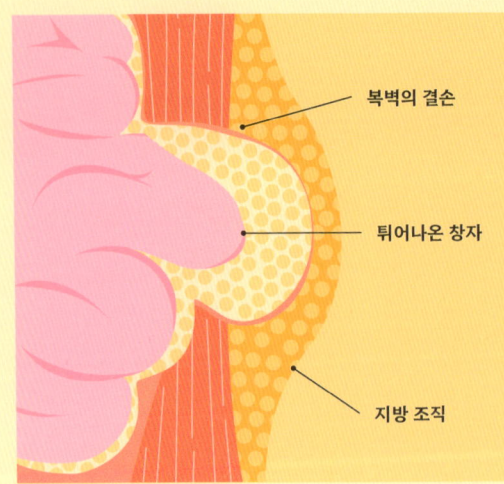

튀어나온 장기

복벽(배의 근육층)에 결손이 생기면, 창자가 그 틈을 통해 튀어나오게 된다. 이 튀어나온 창자는 왔다 갔다 하기도 하지만, 경우에 따라 내부에서 끼이게 되면 다시 들어가지 못할 수 있다. 이럴 땐 수술로 창자를 제자리로 넣고, 복벽을 다시 꿰매는 복벽 교정 수술이 필요할 수 있다. 특히 창자의 혈류가 막히는 경우(=꼬임)에는 응급 수술을 해야 한다.

복벽의 결손

튀어나온 창자

지방 조직

염증이 생기는 양상을 보인다. 주요 증상으로는 복통, 설사, 빈혈, 체중 감소 등이 있으며, 때때로 열이 나타날 수 있다.

진단 내시경 검사, 현미경으로 조직을 확인하는 병리 검사(조직 검사), 단면 영상 검사 등을 통해 이뤄진다. 크론병은 장벽의 모든 층을 침범하기 때문에 궤양이 생기거나, 장벽을 뚫고 나가 샛길(예: 질과 방광, 또는 장과 장 사이에 비정상적인 연결이 생기는 현상) 같은 심각한 합병증이 생길 수 있다. 또한 염증이 반복되면서 흉터가 생기고, 그로 인해 장이 좁아지는 협착이 나타나기도 한다. 일부 환자에게는 항문 주변 증상이 동반되는데, 피부에 피부연성섬유종(쥐젖)이 생기거나, 항문 누공 또는 고름집(농양)이 생기기도 한다. 장 외 증상도 생길 수 있는데, 관절통, 피부 질환(괴저고름피부증, 결절 홍반), 그리고 눈의 염증(공막바깥염이나 포도막염 등)이 대표적이다.

치료 목표는 염증을 가라앉히고 병을 진정 상태로 만드는 것이다. 치료 방법은 병의 진행 정도, 위치, 심각도에 따라 달라진다.

크론병은 완치가 불가능하며 정확한 원인은 밝혀지지 않았지만 유전, 세균, 환경 요인이 복합적으로 작용하는 것으로 추정된다. 병이 갑자기 악화될 때는 염증을 줄이기 위해 코르티코스테로이드를 쓰기도 한다. 그 외에 사용하는 약으로는 항염증제(예: 아미노살리실산), 면역조절제(예: 아자티오프린, 6-머캅토퓨린), 항체 치료제(예: 인플릭시맙, 아달리무맙, 베돌리주맙 등)가 있으며, 이들은 주로 장기 치료에 사용된다. 누공, 농양, 협착 등 합병증이 생긴 경우에는 수술적 치료가 필요할 수도 있다.

궤양성 대장염

궤양성 대장염은 염증성 장 질환의 또 다른 주요 형태이다. 크론병과는 달리 궤양성 대장염은 잘록창자(대장)에만 영향을 미치며, 경우에 따라서는 곧창자 부위에만 국한되기도 한다.

진단 크론병과 마찬가지로 내시경 검사, 영상 검사,

크론병은 염증성 장 질환 중
하나로, 입에서 항문까지
소화관 어디에서나 발생할 수 있는
만성 질환이다.

병리 검사 등을 종합해 이뤄진다. 병리 소견에서는 보통 점막층에 국한된 염증이 관찰된다. 환자는 설사, 곧창자 출혈, 복통, 배변 급박감 등을 호소한다. 크론병처럼 장 외에도 관절염, 피부 증상, 안구 질환 등 다양한 증상이 나타날 수 있다. 병은 대체로 서서히 진행되지만, 때로는 갑작스럽고 심하게 나타나 처음부터 잘록창자 절제술이 필요할 수도 있다. 궤양성 대장염은 보통 간헐적인 재발을 특징으로 한다.

치료 병의 심각도에 따라 달라지며, 크론병과 마찬가지로 염증을 가라앉히고 진정 상태를 유지하는 것이 치료의 핵심 목표이다. 어떤 약을 사용할지는 병의 급성도, 심한 정도, 범위에 따라 결정된다.

궤양성 대장염이 중등도에서 중증으로 급성 악화할 시에는 코르티코스테로이드가 1차 치료제로 사용된다. 하지만 이 약은 장기적으로 사용하는 약이 아니다. 이 외에도 아미노살리실산제, 면역조절제, 생물학적 제제 등이 치료에 사용된다.

궤양성 대장염 진단 후 25년이 지난 시점에서 약 30%의 환자는 잘록창자 절제술(대장 제거 수술)이 필요하다. 수술이 필요한 경우에는 보통 잘록창자의 일부 혹은 전체를 제거하게 된다. 상황에 따라서는 소장과 남은 잘록창자를 다시 연결할 수 있지만, 그렇지 않고 연결이 끊긴 상태로 남는 경우도 있다. 이럴 때는 소장의 앞부분을 피부 쪽으로 우회(돌창자창냄술)하여 몸 밖으로 배설물이 나오게 하거나, 남은 잘록창자로 주머니를 만들어 연결하기도 한다. 이렇게 만든 주머니에도 다시 병이 생길 수 있는데, 이는 궤양성 대장염의 재발이나 수술로 인한 다른 문제 때문일 수 있다.

게실 질환

게실 질환은 장 안쪽 벽에 작은 주머니(게실)가 생겨 근육층 너머로 돌출될 때 발생한다. 게실이 생기는 원인은 아직 확실하지 않지만, 나이에 따른 장벽 약화, 장 안의 압력 증가, 또는 장운동 변화 등이 관련

대장 게실

고속도로에 생긴 포트홀은 대장에 생긴 게실을 설명하기에 딱 좋은 비유이다. 게실증은 이러한 게실이 존재하는 상태를 말하고, 게실염은 이 포트홀 중 하나에 염증이 생긴 상태를 의미한다. 염증이 심하거나, 오랜 염증으로 인해 대장이 좁아지는 협착이 생긴 경우에는 염증 부위를 잘라 내는 수술이 필요할 수도 있다.

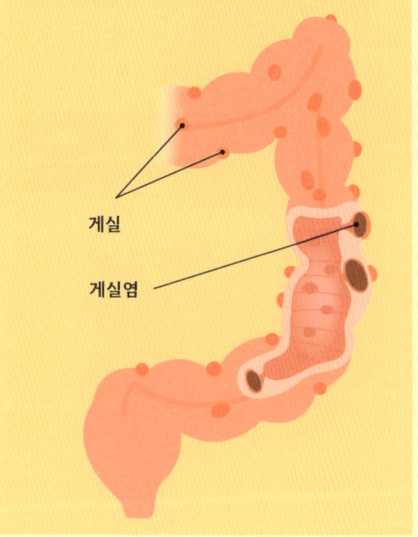

게실
게실염

되어 있을 가능성이 있다. 이 주머니들에 염증이나 감염이 생기면, 증상이 나타날 수 있다. 이를 게실염이라고 한다.

진단 혈액 검사나 대변 검사, 또는 대장내시경이나 컴퓨터단층촬영(CT) 같은 검사를 통해 이뤄진다.

치료 증상이 가벼운 경우에는 외래 진료를 통해 먹는 항생제만으로도 증상 조절이 가능하다. 하지만 증상이 심하면 입원해서 정맥으로 항생제를 투여해야 하기도 한다. 게실염이 한번 생기고 나면 그 원인이 진단되지 않은 대장암일 수도 있기 때문에 대장내시경을 따로 권하는 경우도 많다. 게실 출혈은 아랫배에서 피가 많이 나는 원인 중 가장 흔한 경우에 해당한다. 왜 이 작은 주머니들이 피를 내는지는 아직 정확히 밝혀지지 않았지만, 대부분의 출혈은 저절로 멎는다. 환자가 안정적인 상태라면 대장내시경을 통해 다른 출혈 원인을 찾거나 직접 지혈을 시도할 수 있다. 하지만 환자가 불안정한 상태일 경우에는 영상중재시술로 출혈 혈관을 막거나, 대장을 절제하는 수술이 필요할 수 있다.

맹장염

선진국에서 가장 흔한 급성 복부 응급질환이다. 영국에서는 매년 5만 건이 넘는 맹장 절제술이 시행된다. 맹장에 염증이 생기는 원인은 아직 확실히 밝혀지지 않았지만, 대표적인 가설로는 대변 덩어리나 다른 조직에 의해 맹장이 막히거나, 맹장 자체에 감염이 생기는 경우가 있다. 보통 환자는 오른쪽 아랫배의 통증을 호소하며, 메스꺼움 및 구토와 함께, 특히 맹장이 터진 경우에는 열과 오한이 동반될 수 있다. 맹장이 터지면 복막염이나 고름집(농양) 같은 심각한 합병증이 생길 수 있다.

진단 혈액 검사와 영상 검사를 통해 진단한다.

치료 맹장을 절제한다. 대부분 복강경 수술(배에 작은 구멍을 내어 시행하는 수술)로 진행된다.

치질

치질(또는 치핵)은 항문 점막과 괄약근 사이에 있는 늘어난 혈관이다. 항문관의 위아래를 나누는 기준선인 치상선 위쪽에 위치한 내치핵은 혈전이 생기지 않는 한 통증이 없는 경우가 많다. 주로 변비나 화장실에서 오랜 시간 앉아 있는 습관이 원인으로 꼽힌다. 치질은 출혈, 부기, 항문 밖으로 빠져나오는 탈출을 동반할 수 있다.

진단 신체 진찰로 확인할 수 있다.

치료 보통 식이 습관과 수분 섭취 개선을 통해 배변을 원활하게 하고, 무리한 힘 주기나 화장실에서 오래 앉아 있는 시간을 줄이는 것으로 시작한다. 내치핵이 크거나 증상이 심할 경우에는 수술로 제거하는 방법을 고려하기도 한다. 외치핵은 항문 가장자리에 생기며, 혈전이 생기면 통증이 심해질 수 있다. 시중에 판매되는 치질 연고는 부은 혈관을 일시적으로 가라앉히는 데 도움이 될 수 있으며, 좌욕을 통해 증상을 완화하는 것도 방법이다. 통증은 보통 며칠 내로 가라앉지만, 통증이 오래 지속되거나 혈전이 큰 경우에는 절개하여 혈전을 제거하는 시술이 필요할 수 있다.

대장암

대장암(잘록창자암 또는 잘록곧창자암)은 대장, 즉 잘록창자와 곧창자에 생기는 암이다. 전 세계에서 세 번째로 많이 진단되는 암이며, 2020년 한 해에만 약 200만 명이 진단을 받았다. 다행히도 대장암은 정기적인 검진을 통해 조기에 발견하면 예방 가능한 암 중 하나이다.

진단 선별 검사(검진)를 통해 이뤄질 수 있다. 최근 몇십 년간 50세 이하에서의 대장암 진단율이 증가하면서, 미국에서는 평균 위험군의 선별 검사 시작 연령을 45세로 하향 조정했다. 반면, 영국은 여전히 60세부터 74세까지 검사를 권고하고 있으나, 이에 대한 재검토가 진행 중이다. 유명 인사들이 검진의 중요성을 홍보하고 있음에도 불구하고, 검진 참여율은 기대보다 낮은 상황이다. 대장내시경은 대장암 선별 검사의 기준이 되는 검사로, 용종 등 전암성 병변을 직접 보고 즉시 제거할 수 있다는 점에서 가장 효과적인 검사 방법이다. 그러나 내시경이 어려운 사람들을 위한 다른 검사 방법들도 마련되어 있다. 대장암 환자의 상당수는 뚜렷한 증상이 없지만, 일부는 배변 습관이나 변의 형태 변화, 빈혈로 인한 피로, 변에 피가 섞이거나 색이 변하는 증상을 경험할 수 있다. 다른 많은 암과 마찬가지로 이유 없는 체중 감소는 반드시 원인을 찾아야 하는 경고 신호다.

대장내시경은 겉보기엔 단순한 검사처럼 보일 수 있지만, 사실 환자에게도, 시술하는 의사에게도 그리 쉬운 일은 아니다. 먼저 환자는 대장을 완전히 비우기 위해 장 정결제라는 약을 마셔야 하는데, 이 과정이 꽤 불편하게 느껴질 수 있다. 하지만 이 준비 과정은 매우 중요하다. 대장 안이 깨끗하게 비워져 있지 않으면 음식 찌꺼기나 대변 아래에 가려진 병변을 정확히 확인하기 어렵기 때문이다.

의사의 입장에서도 길고 유연한 내시경을 꼬불꼬불한 대장 안으로 안전하게 밀고 들어가는 데에는 상당한 손놀림과 숙련된 기술이 필요하다. 주름 뒤에 숨어 있는 병변을 샅샅이 살펴보고, 암으로 발전할 수 있는 이상 소견을 정상 구조와 구분해 내는 일도 간단치 않다. 전암성 용종은 작고 도드라진 혹처럼

> 대장암은 정기적인 검진을 통해
> 조기에 발견하면 예방 가능한
> 암 중 하나이다.

생긴 것부터 대장을 완전히 막아 버릴 수 있는 큰 종양까지 다양하다.

대장내시경의 목적은 바로 이 전암성 병변인 용종을 암이 되기 전에 찾아내고 제거하는 것이다. 관형종, 융모샘종, 목 없는 톱니상 용종은 모두 암으로 발전할 수 있는 용종으로 간주되며, 암으로 발전할 위험도는 크기와 조직 변화의 정도에 따라 달라진다. 반면 과형성 용종이나 염증성 용종은 항상 암으로 이어지는 건 아니다. 대장내시경 중에는 의사가 각각의 용종이 가진 특징을 꼼꼼히 살펴보고, 어떤 방식으로 제거할지 판단하게 된다.

치료 대장암 치료의 목적은 암 덩어리를 제거하는 데 있다. 보통 암으로 진행되기 전 단계인 작은 용종이나 혹 들은 포셉(집게)으로 잡아 떼어 내거나, 고리를 던져 걸어서 자르는 방식으로 제거한다. 과거에는 대장의 일부를 절제해야 했던 큰 용종도, 최근에는 내시경을 통해 보다 안전하게 제거할 수 있는 기술이 발전하고 있다. 이 중 가장 빠르게 주목받고 있는 분야는 점막하 박리술이라는 내시경 기술로, 의사가 용종 아래 조직을 들어 올린 뒤 조심스럽게 절개해 떼어 내는 방식이다. 대장벽의 가장 안쪽 층에만 국한된 조기암도 이 방법으로 절제할 수 있어 수술 없이 치료가 가능하다.

대장내시경 기술은 지금도 계속 진화 중이다! 최근에는 인공지능이 대장내시경 중 용종을 식별하는 데 도움을 주기 시작하면서, 놓치는 병변을 줄이는 데 기여하고 있다.

항문암

항문암은 소화기관 암 중에서는 비교적 드문 편이다. 대부분은 편평세포암이지만, 드물게 샘암종이나 흑색종도 생길 수 있다. 이러한 항문암 중 상당수는 인유두종바이러스 감염과 관련 있는 것으로 여겨진다.

진단 신체 진찰, 혈액 검사, 조직 검사 등을 통한 선별 검사로 이루어진다.

치료 항암약물치료, 방사선치료, 수술적 절제 등이 포함된다.

· 대장 용종 증후군 ·

가족성선종성용종증은 APC 유전자의 선천적 돌연변이 때문에 용종이 잘 생기는 병이다. 치료하지 않으면 거의 100% 대장암으로 진행하게 된다. 일부 가족성선종성용종증 변형에서는 장 밖에서도 병이 나타나는데, 뼈, 갑상샘, 부신, 뇌 등 여러 기관에 종양이 생길 수 있다. 암을 조기에 발견하기 위해 위내시경, 대장내시경, 기타 영상 검사를 통한 정기적인 모니터링이 권장된다. 린치증후군은 DNA 복구 시스템에 이상이 생겨 유전 물질에 생긴 오류를 제대로 고치지 못하면서 대장암 위험이 커지는 질환이다. 이 경우에도 젊은 나이부터 정기적으로 대장내시경 검사를 받는 것이 권장된다.

항문열구

항문 안쪽을 덮고 있는 피부에 생긴 작은 찢어짐을 말하며, 보통 날카롭고 심한 통증이나 출혈과 함께 나타난다. 단단하고 큰 대변을 본 뒤에 생기는 경우가 많지만, 항문 조임근이 과도하게 긴장돼 있는 상태(항문 괄약근 과긴장)로 인해 혈액순환이 잘 되지 않으면서 통증이 생기고 점막이 약해져 상처가 생기기 쉬운 경우도 있다.

진단 의사와의 증상 상담을 통해 이루어지며, 필요할 경우 신체 검사를 통해 확인한다.

치료 대변을 부드럽게 만들어 줄 수 있도록 식단을 조절하는 것부터 시작한다. 이후에는 항문 조임근을 이완시키는 약을 바르거나 보툴리눔 독소 주사를 맞는 방식으로 치료할 수 있다. 증상이 만성으로 이어지는 경우에는 괄약근을 절개하는 수술을 시행하기도 한다.

단백소실장병증

여러 가지 원인에 의해 단백질이 풍부한 진물이 장 안으로 새어 나가는 질환이다. 크론병처럼 장 점막에 궤양이 생겨 단백질이 흘러나오거나, 루푸스처럼 세포 탈락이나 혈관 변화로 인해 단백질이 손실되거나, 림프관이 막혀 림프액이 누출되면서 발생할 수 있다. 이로 인해 혈액 내 알부민이나 면역글로불린(항체) 같은 특정 단백질 수치가 낮아지고, 부종(몸이 붓는 증상)으로 나타나기도 한다.

진단 대변에서 알파1-항트립신과 같은 특정 단백질 수치를 측정해 이루어지며, 이후 내시경이나 영상 검사 등을 통해 근본 원인을 찾는다.

치료 이 단백질 손실을 유발하는 근본 질환을 해결하는 데에 초점을 맞춘다.

흡수장애

젖당 흡수장애(보통 '유당 불내증'이라 불림)는 장 점막에서 젖당을 분해하는 효소인 락테이스가 부족할 때 나타나는 증상이다. 이 효소가 없으면 설사, 복통, 복부 팽만 같은 증상이 생긴다. 증상의 정도는 락테이스가 얼마나 부족한지, 함께 앓는 다른 질환이 있는지, 그리고 유당이 얼마나 많이 섭취되었는지에 따라 달라진다.

지방 흡수장애는 이자 기능이 떨어져 섭취한 지

· **짧은창자증후군** ·

미량영양소 흡수와 수분·전해질 균형을 유지하려면 빈창자의 길이가 최소 100cm(약 39인치)는 되어야 한다. 질병으로 인해 장의 많은 구간이 손상되었거나 수술로 잘라 낸 경우, 흡수할 수 있는 표면적이 부족해지면서 짧은창자증후군이 생길 수 있다. 이로 인해 몸이 수분과 영양분을 제대로 흡수하지 못하게 된다.

> 젖당 흡수장애는
> 장 점막에 락테이스가 부족할 때
> 나타나는 증상이다.

방을 분해하는 데 필요한 효소가 부족할 때 발생할 수 있다.

쓸개산 흡수장애 또한 장 일부를 수술로 절제한 경우 지방 흡수장애로 이어질 수 있다.

진단 흡수장애 진단은 혈액, 대변, 숨결 검사나 작은창자 점막의 조직 검사를 통해 이뤄진다.

치료 흡수장애로 인해 손실된 영양소와 수분을 보충하고, 약물치료와 식습관 개선을 통해 근본적인 원인을 해결하는 데 초점을 둔다.

창자막힘증

창자막힘증은 장이 음식을 앞으로 밀어내지 못해 생기는 기능적 장폐색이다. 마취, 수술 후 반응, 아편류 약물, 전해질 불균형, 염증 등 다양한 원인이 있다. 창자막힘증이 생기면 배가 아프고 불룩하게 부풀며, 메스꺼움과 구토 증상이 나타난다.

진단 영상 검사를 통해 내릴 수 있으며, 이때 장이 팽창되어 있지만 실제 기계적인 폐색은 보이지 않는 경우가 많다.

치료 코로 위장까지 삽입한 관을 통해 장 내용물을 빼내는 감압 치료, 장운동을 쉽게 하는 '장 휴식', 정맥 주사로 수액을 공급하는 방식 등이 있다. 시간이 지나면서 원인을 해결하고 몸이 회복될 시간을 주면 장 기능은 다시 정상적으로 돌아올 수 있다.

오길비증후군

오길비증후군은 장폐색이 없는데도 갑작스럽게 잘 움직이던 대장이 멈추면서 대장이 비정상적으로 팽창하는 질환이다. 외상, 감염, 심근경색이나 심부전 같은 심장 질환 등이 원인으로 알려져 있다.

진단 영상 검사를 통해 대장이 비정상적으로 많이 늘어나 있는지를 확인하며, 이로 인해 대장이 터질 위험이 있는지도 살핀다.

치료 대장 운동을 다시 유도하기 위해 네오스티그민 같은 약을 쓰기도 한다. 약물치료로 해결되지 않으면 수술로 대장의 일부를 절제해 압력을 줄이는 방법이 고려되기도 하지만, 이 경우 위험도가 높고 예후가 좋지 않을 수 있다.

장 원충

장 원충 감염은 대변-입 경로를 통해 전염되며, 대부분은 증상이 없지만 약 10~20%에서는 원충이 대장의 점막을 뚫고 혈류를 따라 다른 장기로 퍼지는 침습성 질환으로 진행될 수 있다. 영국에서 가장 흔하게 확인되는 기생충은 지아르디아로, 음식, 물, 사람 간 접촉을 통해 전염된다. 감염 시 증상이 없을 수도 있고, 만성 설사, 피로, 복통, 복부 팽만감 등을 유발할 수도 있다.

진단 대변 검사를 통해 가능하지만, 대장내시경과 점막 조직 검사로 원충을 직접 확인하는 것이 가장 정확하다.

치료 항기생충 약제로 이루어진다.

장내 기생충

기생충은 크게 세 가지 종류로 나뉜다. 회충류(선충), 촌충류(조충), 그리고 간흡충이나 폐흡충 같은 흡충류(편형충)이다. 회충은 오염된 음식이나 피부를 통해 몸속으로 들어와 장벽을 뚫고 혈류로 퍼진다. 회충이 대량으로 번식하면 장이 막힐 수도 있고, 몸의 다른 부위로 이동해 문제를 일으킬 수도 있다. 촌충 가운데 사람에게 감염되는 가장 큰 기생충은 광절열두조충인데, 길이가 12m에 달할 수 있다. 장흡충, 간흡충, 혈흡충도 감염을 일으킬 수 있고, 감염된 부위에 따라 만성 염증이나 심지어 암까지 유발할 수 있다.

진단 대변 검사나 혈액 검사로 할 수 있다.

치료 보통 한 번의 약 복용으로 충분하다.

감염성 설사

세균(쉬겔라, 예르시니아, 클로스트리디움 디피실, 대장균 등)이나 특정 기생충에 의해 감염성 설사 또는 이질(혈변을 동반한 설사)이 생길 수 있다. 원인에 따라 대변의 상태와 횟수는 다양하게 나타난다. 설사가 심해지면 수분 손실이 커져 탈수가 발생할 수도 있다.

진단 대변 검사를 통해 이루어진다.

치료 잃어버린 수분과 전해질을 보충하는 데 중점을 둔다.

장내 기생충과 원충

회충 · 원충 · 흡충 · 촌충

간

간경화

간경화(간경변)는 간 손상이 오래 이어졌을 때 생기는 마지막 단계로, 건강한 간 조직이 딱딱한 흉터 조직으로 바뀌는 질환이다. 영국에서 간경화의 가장 흔한 원인은 지방간, 만성 음주, C형 간염이다. 해마다 영국에서 약 4,000명이 간경화로 사망하며, 큰 합병증이 없는 보상성 간경화의 경우 평균 기대 수명은 9~12년 정도이다.

진단 간 조직을 떼어 내 현미경으로 확인하는 조직 검사가 가장 정확하지만, 꼭 조직 검사를 하지 않아도 여러 신체 징후나 혈액 검사, 영상 검사로 간경화를 충분히 의심하고 진단할 수 있다. 최근에는 간의 딱딱함(섬유화 정도)을 측정하는 초음파 기반의 비침습적 검사도 널리 쓰이고 있다.

치료 보상성 간경화 환자에게는 간암(간세포암종) 정기 검진과 식도 정맥류 관찰이 권고된다. 또, 2차적인 간 손상을 막기 위해 다른 간염 바이러스에 대한 예방 접종도 함께 권장된다.

간경화로 이어지는 대표적인 질환들

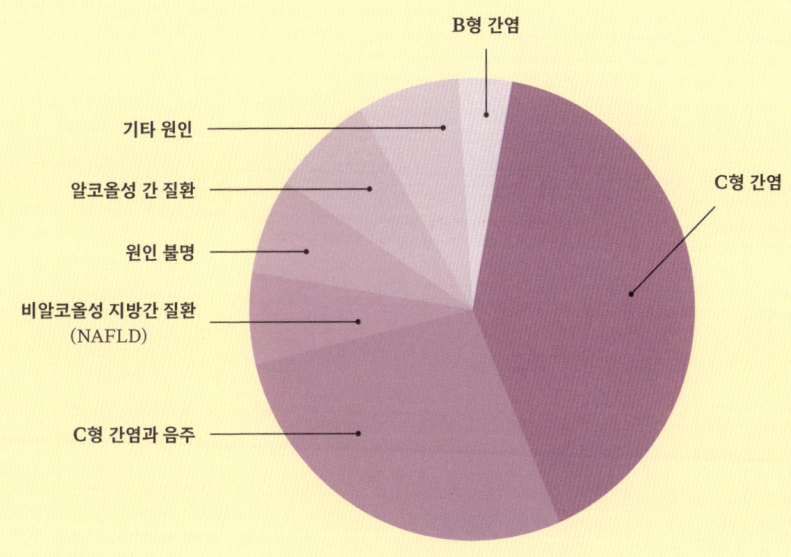

간경화에서 주의 깊게 관리해야 할 여러 합병증은 문맥고혈압으로 인해 생기는 경우가 많다. 간경화에 대한 유일한 근본 치료는 간 이식이다. 다른 장기 이식과 마찬가지로 간 이식을 받기 위해서는 예후, 사회적 지지 체계 등 여러 기준을 종합적으로 평가하는 까다로운 심사 과정을 거쳐야 한다.

비알코올성 지방간 질환

비알코올성 지방간 질환(NAFLD)은 간세포에 지방이 쌓이는 질환으로, 비만, 당뇨병, 그 밖의 대사 질환과 밀접한 관련이 있다. 비알코올성 지방간 질환은 전 세계 인구의 약 4분의 1에게 영향을 미치고 있으며 점점 증가하는 추세다. 이 질환은 점점 악화되어 간에 염증(비알코올지방간염)을 일으키고, 이후 섬유화(흉터 형성)를 거쳐 간경화, 심지어 간암으로 이어질 수 있다.

진단 질환이 꽤 진행되기 전까지는 별다른 증상이 없는 경우가 많아 진단이 쉽지 않다. 진단의 기준은 간 조직 검사이지만, 영상 검사로도 지방간과 그에 따른 이상 소견을 확인할 수 있다.

치료 주로 체중 감량과 함께 관련된 대사 질환을 함께 조절하는 데 초점이 맞춰진다.

바이러스 간염

바이러스 간염은 다양한 바이러스나 간 염증에 의해 생길 수 있다. 대표적으로 A형, B형, C형, D형, E형 간염 바이러스가 있으며, 이 외에도 엡스타인-바 바이러스, 거대세포바이러스, 단순헤르페스바이러스 등도 간염을 일으킬 수 있다. 이들 바이러스는 간에 염증을 일으키며, A형 간염처럼 금방 회복되는 경우도 있지만, B형이나 C형 간염처럼 감염이 만성으로 이어져 염증이 계속되면 흉터가 생기고 결국 간경화나 간암으로 진행되기도 한다.

바이러스의 종류에 따라 예방법도 다르다. A형이나 E형 간염은 오염된 음식이나 물을 통해 감염되는 경우가 많아 손 씻기만 잘해도 예방할 수 있다. 반면, B형과 C형 간염은 주로 혈액이나 정액을 통해 전파되므로 바늘을 함께 쓰거나 피임 없이 성관계를 하는 것이 주요 위험 요인이다. D형 간염은 B형 간염이 있을 때만 함께 발생하므로 B형 간염을 피하는 방법이 D형 간염 예방에도 그대로 적용된다.

진단 바이러스 간염의 종류는 혈액 검사를 통해 확인할 수 있으며, 감염의 중증도나 현재 활성 상태인지 여부도 이 검사를 통해 파악할 수 있다.

· 약인성 간손상 ·

약인성 간손상은 아세트아미노펜(파라세타몰)을 과다 복용했을 때 가장 흔하게 발생하지만, 그 외에도 드물게 간염을 유발할 수 있는 다양한 약물이 존재한다. 카바카바나 스컬캡 등 일부 약초도 간에 염증을 일으킬 수 있다.

치료 특히 C형 간염에 대한 치료는 최근 몇 년 사이에 크게 개선되었다. 이전에는 인터페론 기반 치료법이 효과는 제한적이고 부작용은 심해 환자들이 잘 견디기 어려웠다. 하지만 2010년대 초반 등장한 직접 작용 항바이러스제는 C형 간염의 치료 성공률을 거의 100%에 가깝게 끌어올렸다. B형 간염은 완치할 수 있는 치료법은 아직 없지만, 바이러스 증식을 억제하는 항바이러스제가 있어 병의 진행을 막을 수 있다. 항암치료처럼 면역억제치료가 필요한 환자의 경우, 면역체계가 약해졌을 때 간염이 재활성화되는 것을 방지하기 위해 B형 간염 여부를 미리 확인하는 것이 중요하다. A형 간염은 특별한 치료 없이 휴식을 취하고 수분을 충분히 섭취하며, 간에 부담을 줄 수 있는 술이나 흡연을 피하는 것이 중요하다. E형 간염도 일반적으로 별다른 치료 없이 회복되지만, 면역력이 약한 환자라면 예외가 될 수 있다.

자가면역간염

자가면역간염은 우리 몸의 면역체계가 간을 공격하면서 만성 염증을 일으키는 오랜 간 질환이다. 이 질환은 자가항체의 종류에 따라 1형과 2형으로 나뉘며, 시간이 지나면 간 섬유화나 간경화로 진행될 수 있다. 자가면역간염의 증상은 병의 심한 정도에 따라 다르지만, 피로감이나 황달 같은 증상이 나타날 수 있으며, 간경화와 관련된 증상들도 함께 나타날 수 있다.

진단 혈액 검사를 통해 자가항체를 확인하고, 간 조직 검사를 통해 특이한 염증 양상을 확인하면서 이루어진다.

치료 일반적으로 염증 반응을 줄이기 위한 스테로이드와 면역억제제를 사용하는 방식이다.

간 종양

간 종양은 양성(암이 아닌 경우)일 수도 있고, 악성(암인 경우)일 수도 있다. 악성 종양 중 가장 흔한 것은 간세포암으로, 이는 간경화나 B형·C형 간염 같은 만성 간 질환과 관련이 있는 경우가 많다. 다른 암과 마찬가지로 치료하지 않으면 다른 장기로 번질 수 있다.

진단 간세포암 진단은 조직 검사를 통해 이루어질 수 있지만, 영상 검사와 임상적 특징만으로도 진단이 가능할 때가 많다. 혈액 검사에서 알파태아단백이라는 종양표지자 수치가 높게 나타날 수 있는데, 진단에 도움이 된다.

치료 암을 잘라 내는 수술적 절제, 간 이식, 열이나 알코올 등을 이용한 고주파 소작술, 암세포로 가는 혈관을 막고 약물을 직접 전달하는 화학색전술, 항암치료, 분자표적치료 등이 있다.

문맥고혈압

장에서 심장으로 혈액을 되돌리는 주요 혈관인 문맥의 압력이 비정상적으로 높아지는 상태를 말한다. 간경화에서 흔히 나타나는 합병증이다. 문맥압이 높아지면 여러 가지 증상으로 나타나며, 이는 주로 진행된 간경화에서 혈류 흐름이 방해받을 때 관찰된다. 다만 이런 변화가 꼭 간경화만의 특징은 아니며, 국소 종양이나 심부전처럼 더 말단 부위에서 혈액순환이 막혀도 생길 수 있다. 문맥압이 높아지면 식도에 있는 혈관들이 부풀어 식도 정맥류가 생길 수 있는데, 이 정맥류에서 출혈이 생기면 출혈량이 많고 빠르기 때문에 응급 상황이 된다. 또 다른 대표적인 증상은 복강 내에 물이 고이는 복수이다.

진단 혈액 검사와 혈류 상태를 보여 주는 영상 검사를 통해 이루어진다.

치료 몸속에 고인 물을 배출해 불편함을 줄이기 위한 이뇨제 복용이 치료에 포함된다. 경우에 따라서는 천자술이라고 불리는 시술을 통해 피부로 바늘을 삽입해 복강 내의 물을 직접 빼낼 수도 있다. 하지만 이 복수는 감염 위험이 높아 자발성 세균성 복막염이라는 상태로 이어질 수 있으며, 이 경우 항생제 치료가 필요하다. 혈액 속 수분이 비정상적인 부위로 빠져나가면, 신체는 탈수 상태라고 인식하고 이를 보상하려 하면서 혈액순환에 이상이 생기고, 이것이 신부전으로 이어질 수 있다. 이 상태는 간콩팥 증후군이라 불리며 매우 심각하다. 또한 간경화로 인해 간을 통한 혈류 흐름이 방해받게 되면 혈액이 간을 우회해 다른 혈관으로 흐르게 되는데, 이로 인해 평소 간에서 걸러져야 할 신경 독소, 특히 암모니아가 뇌까지 도달하게 된다. 이렇게 생기는 상태를 간성 뇌병증이라고 하며, 문맥전신성 뇌병증이라고도 불린다.

암모니아는 몸속 대사 작용의 일부로 자연스럽게 생기는 물질이지만, 이것이 뇌에 도달하게 되면 방향 감각 상실, 불안정한 행동, 수면 장애, 기면 상태 등

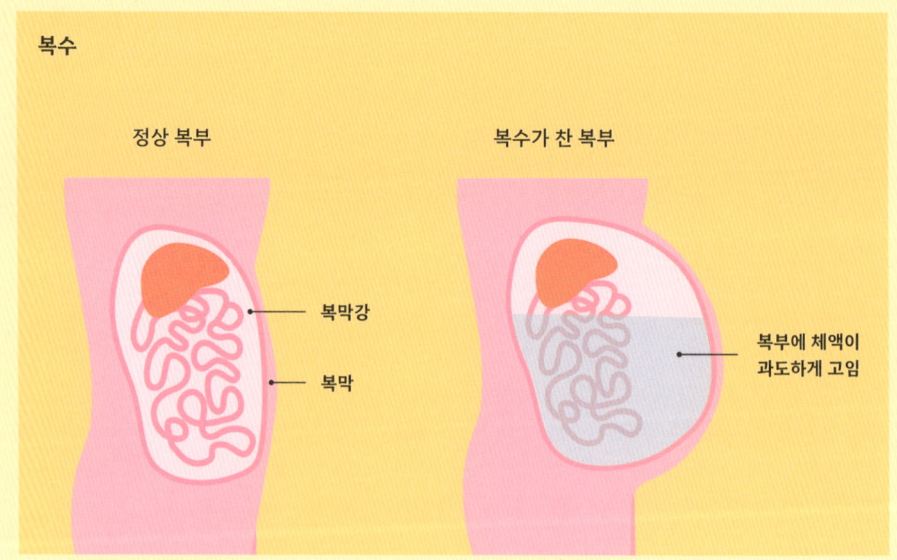

을 유발할 수 있다. 조절되지 않으면 혼수 상태에 이를 수도 있다. 이러한 독소를 몸 밖으로 배출하기 위해 배변을 유도하는 락툴로오스나 흡수되지 않는 항생제인 리팍시민을 사용해 치료하는 경우가 많다.

원발 담즙성 담관염

원발 담즙성 담관염은 간 안에 있는 쓸개관에 만성적으로 염증이 생기는 자가면역 간 질환이다. 이 염증 때문에 쓸개의 흐름이 방해받고, 시간이 지나면서 쓸개관이 점차 파괴된다. 질환 초기에 나타나는 증상은 대개 모호하며, 피로감이나 피부 가려움 정도로 시작된다. 하지만 병이 진행되면 황달, 배 통증, 지용성 비타민 흡수장애 등이 나타날 수 있다.

진단 혈액에서 항미토콘드리아 항체가 검출되는지로 확인할 수 있다.

치료 치료법은 아직 없으며, 현재로서는 간 손상의 진행을 늦추기 위한 약물치료가 중심이다. 주로 우르소데옥시콜산이나 오베티콜산 같은 약을 사용한다. 하지만 병이 심하게 진행되면 간 이식이 필요할 수 있고, 안타깝게도 간을 이식받은 후에도 원발 담즙성 담관염이 다시 생길 수 있다.

혈색소증

철분 대사에 관여하는 유전자의 돌연변이로 인해 몸속에 철분이 지나치게 쌓이게 되는 유전 질환이다. 이렇게 쌓인 철분은 간이나 심장 같은 여러 장기에 침착되어 문제를 일으킨다. 흔히 나타나는 증상으로는 피로감이나 관절 통증이 있으며, 심한 경우 간이나 심장이 커지기도 한다. 이차성 혈색소증은 유전적인 원인이 아닌 경우로, 철분을 지나치게 많이 섭취했거나 낫적혈구빈혈 같은 질환을 치료하기 위해 여러 번 수혈을 받은 경우 발생할 수 있다.

진단 두 경우 모두 진단은 혈액 검사로 가능하며, 필요하면 특정 유전자 돌연변이를 확인하기 위해 유전자 검사를 하기도 한다.

치료 과잉 철분을 제거하기 위해 정기적으로 혈액을 뽑아내는 사혈 요법이나, 철분을 줄이기 위한 약물치료(킬레이션 요법)를 시행한다. 이 치료는 꾸준히 받아야 한다.

윌슨병

윌슨병은 구리 대사에 관여하는 유전자의 돌연변이로 인해 몸속에 구리가 과도하게 축적되는 질환이다. 구리는 주로 간과 뇌에 쌓이며, 간에 구리가 쌓이면 간경화로 이어질 수 있고, 뇌나 신경계에 침착되면 손 떨림, 근육 경직, 삼킴 장애 같은 신경학적 증상이나 정신과적 증상이 나타날 수 있다.

진단 보통 혈액 내에서 구리와 결합하는 단백질인 세룰로플라스민 수치를 측정하거나, 각막 주변에 구리 침착이 나타나는 특유의 징후를 확인하기 위한 안과 검사를 통해 이루어진다.

치료 구리를 몸 밖으로 배출하는 약물치료부터 시작한다.

췌장

급성 췌장염

급성 췌장염은 췌장에 급성으로 염증이 생기는 상태로, 영국에서는 매년 인구 10만 명당 약 56명이 입원할 정도로 흔한 소화기 질환 중 하나이다. 가장 흔한 원인은 쓸갯돌과 음주이며, 그 외에도 약물, 외상, 높은 중성지방 수치, 유전적 요인 등이 원인이 될 수 있다. 췌장은 예민한 장기이기 때문에 쓸개관 내 쓸갯돌을 제거하기 위한 내시경 역행 담췌관조영술 같은 시술도 췌장을 자극해 염증을 일으킬 수 있다.

췌장액이 장으로 잘 흘러가지 못하게 쓸갯돌이 배출구를 막거나, 술처럼 췌장을 직접 손상시키는 경우, 일련의 반응이 촉발되면서 원래는 음식물을 소화해야 할 소화효소가 췌장 안에서 활성화된다. 이 효소들은 췌장뿐 아니라 주변 혈관과 조직까지 망가뜨릴 수 있다. 대부분의 경우는 비교적 가볍고 며칠 내로 회복되지만, 일부 심한 경우에는 전신 염증 반응으로 여러 장기에 문제가 생겨 생명을 위협할 수 있다.

대표적인 증상은 명치 부근의 통증이며, 이 통증은 등이 뻗치는 것처럼 느껴지기도 하고, 몸을 앞으로 구부리면 조금 나아지는 경우도 있다. 이 외에 메스꺼움과 구토도 흔한 증상이다.

진단 혈액 검사(특히 혈중 지질분해효소 수치 확인) 및 췌장이 부어오른 모습을 보여 주는 영상 검사를 통해 이루어진다.

치료 주로 탈수된 수분을 보충하고, 상태가 악화되는 것을 막으며, 감염된 액체 고임을 배액하는 등 합병증을 관리하는 데 초점을 맞춘다. 만약 쓸갯돌이 원인으로 밝혀지면, 응급으로 쓸개 제거 수술을 권한다.

만성 췌장염

만성 췌장염은 말 그대로 췌장에 오래도록 염증이 지속되어 결국 췌장이 돌이킬 수 없을 정도로 손상되는 질환이다. 장기간의 음주가 흔한 원인이긴 하지만, 술을 자주 마신다고 해서 모두에게 이 병이 생기는 것은 아니다. 흡연이나 자가면역질환, 낭성 섬유증 같은 유전 질환도 만성 췌장염의 위험을 높일 수 있다. 정확한 발병 원리는 아직 명확히 밝혀지지 않았지만, 지속적인 췌장 손상이 소화효소의 조기 활성화를 일으키고 이로 인해 췌장 세포가 파괴되면서 결국 흉터 조직(섬유화)으로 바뀌는 것으로 추정된다. 췌장이 더 많이 손상되면, 췌장에서 소화효소를 충분히 만들지 못하는 외분비 췌장기능부전이 생길 수 있다. 이로 인해 기름진 변(지방변)이 나타날 수 있다.

또한 인슐린을 만드는 내분비 기능도 영향을 받아 당뇨병이 생길 수 있다.

진단 만성 췌장염은 진단이 쉽지 않다. 조직 검사를 하면 진단에는 도움이 되지만, 오히려 췌장에 추가적인 손상을 줄 수 있는 위험이 있다. 대신 내시경 초음파를 이용하면 췌장을 가까이에서 살펴볼 수 있어, 만성 췌장염에 부합하는 소견을 확인하는 데 도움이 된다. 췌장이 얼마나 잘 기능하고 있는지를 평가하는 것도 까다로운 편이다. 특정 호르몬을 써서 췌장액을 측정하는 검사는 일반적으로 시행되지 않으며, 대신 췌장 효소 수치나 대변 속 지방 함량을 통해 췌장의 기능을 가늠한다.

치료 핵심은 췌장이 더 이상 손상되지 않도록 하는 것이다. 이를 위해 비스테로이드성 소염진통제, 흡연, 음주는 피해야 한다. 췌장 효소가 부족한 경우에는 이를 보충하는 약제를 복용해야 한다. 통증이 심할 경우에는 내시경 초음파를 이용해 통증 신호를 전달하는 신경을 차단하거나 신경을 없애는 시술(신경 차단 또는 신경 용해술)을 시행하기도 한다. 췌장 결석을 제거하려는 시도도 있으나, 기대만큼 통증 완화가 되지 않는 경우가 많다. 만약 췌관이 넓게 늘어나 있다면, 췌장에서 장으로 직접 배액이 되도록 소장을 연결하는 이자빈창자연결술이라는 수술을 고려해 볼 수 있다. 다만 이 경우에도 통증이 완전히 해소되지 않는 경우가 많다.

췌장암

췌장암은 예후가 나쁘기로 악명 높은 암 중 하나이다. 초기에는 별다른 증상이 없기 때문에 진단이 늦어지는 경우가 많다. 대부분의 췌장암은 췌관샘암으로, 쓸개관이 지나가는 췌장 머리 부분에 생기는 경우가 많다. 이로 인해 종양이 쓸개관을 막으면, 통증 없이 피부와 눈이 노래지는 황달이 나타날 수 있다. 다른 경우에는 종양이 상당히 진행되거나 전이된 후에야 발견되기도 한다. 췌장암을 의심할 수 있는 증상으로는 복통과 원인 모를 체중 감소가 있으며, 때때로 종양이 샘창자를 눌러 막히는 경우도 있다.

진단 영상 검사만으로 진단이 이루어지는 경우도 많다. 확진을 위해서는 내시경 초음파를 시행하여, 위장관 벽을 통해 바늘을 찔러 종양에서 조직을 떼어내는 조직검사를 한다. 암의 병기는 종양의 크기, 림프절 침범 여부, 주변 조직이나 혈관 침범 여부에 따라 결정되며, 이로 인해 수술 가능성도 달라진다.

치료 췌장 머리 부분에 국한된 암의 치료에는 '휘플 수술'이라 불리는 수술이 시행될 수 있다. 이 수술은 췌장 머리, 쓸개관 일부, 쓸개, 그리고 샘창자의 일부

> 췌장암은 초기에는
> 별다른 증상이 없기 때문에
> 진단이 늦어지는 경우가 많다.

를 절제하는 방식이다. 췌장 몸통이나 꼬리 쪽에 생긴 종양의 경우 '원위부 췌장절제술'을 시행하게 된다. 수술 전이나 후에 항암치료(신보조요법 또는 보조요법)를 병행하는 경우도 흔하다. 종양이 쓸개관을 막아 황달이 생긴 경우에는 내시경 역행 담췌관조영술을 통해 쓸개관에 스텐트를 삽입하여 쓸개즙의 흐름을 되살릴 수 있다.

췌장 낭종

췌장 낭종은 흔히 발견되는 병변으로, 대부분은 영상 검사 중 우연히 발견된다. 췌장 낭종에는 여러 종류가 있으며, 그중 가장 흔한 것은 장액성 낭선종, 점액성 낭선종, 췌관내 유두상 점액종양, 그리고 고형 가성유두종양이다. 나이와 성별에 따라 낭종의 유형과 위치가 달라질 수 있다. 이 중 점액성 낭선종, 췌관내 유두상 점액종양, 고형 가성유두종양은 악성으로 진행될 가능성이 있어 정기적인 추적 관찰이 필요하다.

진단 컴퓨터단층촬영을 통해 이루어지며, 낭종의 크기와 모양을 확인하는 데 도움이 된다.

치료 주로 수술을 통해 낭종을 제거하는 방식으로 이루어진다.

· **수술의 돌파구** ·

1935년, 위궤양 수술 시범 중이던 앨런 휘플 박사는 환자에게 췌장암이 있다는 사실을 우연히 발견했다. 당황할 새도 없이 그는 재빠르게 대처해 수술을 진행했다. 이 수술은 오늘날 '이자샘창자 절제술'로 불리며, 그를 기려 '휘플 수술'이라는 이름으로도 널리 알려져 있다.

쓸개

쓸갯돌질환

쓸갯돌질환은 매우 흔한 질환이다. 영국 NHS에 따르면 성인 10명 중 1명이 쓸갯돌(담석)을 가지고 있으며, 매년 약 7만 건의 쓸개 절제술이 시행된다.

쓸갯돌은 크게 두 가지 유형으로 나뉜다. 하나는 콜레스테롤 쓸갯돌이고, 다른 하나는 색소 쓸갯돌이다. 유럽과 미국에서는 콜레스테롤 쓸갯돌이 더 흔하게 나타나며, 이는 쓸개즙의 성분 변화, 쓸개의 기능, 그리고 장에서 콜레스테롤 흡수 및 장 호르몬 신호 전달 기능의 복합적인 작용으로 인해 형성된다. 검거나 갈색인 색소 쓸갯돌은 감염이 동반되었을 때 형성되기도 한다. 콜레스테롤 쓸갯돌의 위험 요인으로는 고령, 임신, 급격한 체중 감소 등이 있다.

쓸갯돌이 있어도 대부분은 아무런 증상이 없지만, 일부는 오른쪽 윗배 통증을 포함한 증상을 겪을 수 있다. 식사 후 쓸개가 수축하면서 통증이 발생하는 경우를 '쓸갯길산통'이라고 한다. 쓸개나 쓸개관에 염증이나 감염이 생기면 열이 동반되기도 한다. 만약 쓸갯돌이 쓸개관에 걸리면 쓸개즙이 빠져나가지 못해 쓸개에 염증(쓸개염)이 생기고, 감염으로까지 진행될 수 있다. 마찬가지로 쓸갯돌이 총쓸개관에 걸리면 쓸개즙 배출이 막혀 황달이 생길 수 있으며, 이처럼 정체된 쓸개즙이 감염되면 쓸개관염이 발생하게 된다.

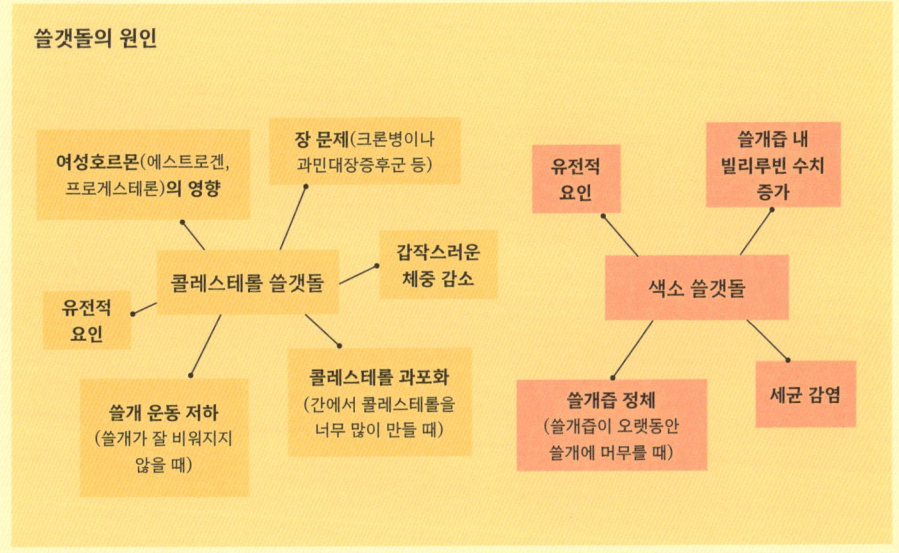

진단 혈액 검사를 통해 쓸개관에 막힘이 있는지, 쓸개에 염증이 있는지를 가늠할 수 있다. 하지만 이런 돌들은 엑스레이에는 잘 나타나지 않기 때문에, 위치를 정확히 파악하려면 다른 종류의 영상 검사가 필요할 수 있다.

치료 쓸개즙에 감염이 생겼을 때는 문제를 일으킨 돌을 신속하게 제거해야 한다. 쓸개염의 경우, 기본적인 치료 방법은 쓸개를 제거하는 수술이지만, 수술을 견디기 어려울 만큼 상태가 나쁜 환자라면 피부를 통해 쓸개 안 고름을 빼내는 배액관(쓸개 절개 배액관)을 삽입하기도 한다.

쓸개즙이 흐르는 관인 쓸개관은 접근이 어려운 편이기 때문에, 돌을 제거하려면 일반적으로 '내시경 역행 담췌관조영술'이라는 시술이 사용된다. 이 방법은 쓸개즙이 장으로 배출되는 입구를 통해 내시경을 집어넣어 쓸개관에 접근하는 방식이다.

가끔은 돌이 크고 단단해서, 바구니 모양의 기구로 부수거나 충격파나 레이저로 조각을 내야 제거할 수 있는 경우도 있다. 가능하다면 이후 쓸개를 바로 제거해 재발을 막는 것이 좋다.

'우르소데옥시콜산(우르소디올)'이라는 약을 이용해 돌을 녹이는 방식은 돌의 크기에 따라 효과가 들쭉날쭉해서, 시술로 돌을 제거하기 어려운 사람에게만 부차적인 방법으로 사용된다.

원발 경화성 담관염

원발 경화성 담관염은 쓸개관에 염증과 손상을 일으키는 질환으로, 영국에서는 인구 10만 명당 약 7명꼴로 나타난다. 이 질환은 염증성 장 질환, 특히 궤양성 대장염과 밀접한 관련이 있다. 실제로 원발 경화성 담관염 환자의 90%가 염증성 장 질환을 함께 앓고 있지만, 염증성 장 질환 환자 중 원발 경화성 담관염이 생기는 비율은 그리 높지 않다. 병의 진행은 조용히 시작된다. 처음에는 증상이 없다가, 혈액검사에서 이상 소견이 발견되고, 이후 황달이나 피부 가려움 같은 증상이 나타나며, 결국 간경화나 말기 간 질환으로 이어질 수 있다. 쓸개관에 생기는 암인 쓸개관암도 드물지 않은 합병증이다.

진단 혈액 검사와 쓸개관조영술이라는 영상 검사를 통해 이루어지며, 필요하다면 간 조직 검사로 확진하기도 한다.

치료 이 질환은 뚜렷하게 병의 진행을 막는 약이 없으므로, 증상 조절과 합병증 관리에 집중해야 한다. 유일하게 효과가 입증된 치료법은 간 이식이다. 증상이 나타난 이후의 평균 생존 기간은 약 8~9년이다.

쓸개암 환자 중에는
쓸갯돌 병력이 있는 경우가 많다.

쓸개암

쓸개암은 서양 국가에서는 비교적 드문 암이다. 쓸개암 환자 중에는 쓸갯돌 병력이 있는 경우가 많지만, 돌과 쓸개암 사이에 명확한 인과관계가 있다고 보기는 어렵다. 쓸개 용종 외에도 구조적 이상이나 석회화된 쓸개(도자기 쓸개) 같은 이상 소견이 있는 경우에는 예방적 쓸개 절제가 권고되기도 한다.

쓸개 용종처럼, 쓸개암 역시 다른 이유로 쓸개를 제거한 뒤 우연히 진단되는 경우가 많다. 쓸개에는 여러 종류의 덩어리가 생길 수 있는데, 콜레스테롤 침착, 샘근종, 염증성 용종, 선종 등이 있다. 이 중 선종만이 암으로 발전할 가능성이 있는 전암성 용종이며, 이 경우에는 쓸개를 제거해야 한다. 하지만 이런 용종은 대부분 증상이 없고 영상 검사로 구분하기도 어려워 진단이 쉽지 않다.

진단 보통 쓸갯돌 등의 이유로 쓸개를 제거한 뒤 우연히 이루어진다.

치료 쓸개 절제 수술이나 방사선치료를 진행한다.

> **· 쓸개관암 ·**
>
> 쓸개관암은 예후가 매우 나쁜 것으로 악명이 높다. 대부분의 경우 뚜렷한 원인은 알려져 있지 않지만, 일부에서는 쓸개관 낭종, 기생충, 독성 물질 등이 암 발생과 관련 있는 것으로 알려져 있다. 쓸개관 자체가 작은 기관이라 진단이 쉽지 않고, 막히는 합병증이 빠르게 나타나는 경우가 많다. 게다가 암의 특성상 쓸개관내시경을 이용한 조직 검사로도 진단이 어려울 수 있다. 유일하게 확실한 치료법은 수술적 절제이며, 절제 가능 여부는 암의 위치에 따라 달라진다.

많이 하는 질문들

잘록창자 게실이 있는데 씨앗을 먹어도 괜찮을까? 씨앗을 먹으면 게실염이 생기지 않을까?

씨앗, 견과류, 옥수수 같은 음식을 먹는다고 해서 게실염이 생길 확률이 더 높아지지는 않는다.

•

장누수증후군이라는 진단이 실제로 존재하나?

누구나 어느 정도 장 투과성이 있는 것은 사실이지만, '장누수'는 공식적으로 인정된 진단명이나 질병은 아니다. 셀리악병이나 염증성 장 질환 같은 특정 질환에서는 장의 투과성이 증가해 장벽을 통해 특정 물질이 더 쉽게 통과할 수는 있다. 하지만 '장누수'를 특정 질병의 직접적인 원인으로 보는 데에는 명확한 과학적 근거가 없다.

•

대장암은 인유두종바이러스(HPV) 같은 성매개감염 때문에 생기나?

항문암은 HPV와 관련이 있을 수 있지만, 대장암은 완전히 다른 경로를 따라 생기며 성매개감염과는 관련이 없다.

•

사람들이 대장내시경 검사를 무서워하는 이유는 무엇인가?

아프다는 오해나 장 정결 과정이 번거롭다는 점, 혹은 검사 자체에 대한 불안감 등이 있다. 하지만 사실 더 흔한 이유는 항문과 관련된 모든 일에 대한 사회적 낙인이다. 의료진은 이러한 걱정을 자주 접하기 때문에 두려움을 덜 수 있도록 충분히 도와줄 수 있다.

모든 비침습적 대장암 검사 방법이 다 같은가?

아니다. 모든 검사가 대장암을 똑같은 정확도로 찾아내는 것은 아니다. 어떤 검사는 암세포의 유전자를 표적으로 하고, 다른 검사는 혈액 흔적을 찾는다. 하지만 이런 검사들은 암이 어디에 있는지를 알려 주지도 못하고, 혹시 암이 있다 해도 제거해 줄 수는 없다. 결국 이들 검사에서 양성 반응이 나오면 대장내시경 검사를 추가로 받아야 한다.

●

췌장암은 대부분 유전인가?

아니다. 대부분의 췌장암은 유전과 관계없이 우연히 생긴다. 흡연을 하거나 특정 췌장 낭종이 있으면 췌장암 발생 위험이 높아질 수는 있다.

●

크론병과 궤양성 대장염만 염증성 장 질환인가?

아니다. 미세대장염도 엄연히 또 하나의 염증성 장 질환이다. 미세대장염에는 림프구성 대장염과 교원성 대장염이라는 두 가지 유형이 있다. 이 질환은 염증 세포가 대장의 벽 안쪽으로 침투해 물 흡수 기능에 영향을 주고, 그 결과 설사를 유발하게 된다. 진단은 대장내시경에서 점막을 떼어 내는 조직 검사를 통해 이뤄진다.

●

간 질환이 있어도 파라세타몰을 먹어도 괜찮은가?

간경화처럼 말기 간 질환이 있어도 소량의 아세트아미노펜(파라세타몰)을 복용하는 것은 괜찮은 경우가 있다. 다만 시중의 복합제에도 파라세타몰이 포함된 경우가 있으므로, 본인이 섭취하는 모든 약의 총량을 꼭 확인해야 한다. 불확실하다면 담당 의사에게 상담받는 것이 좋다.

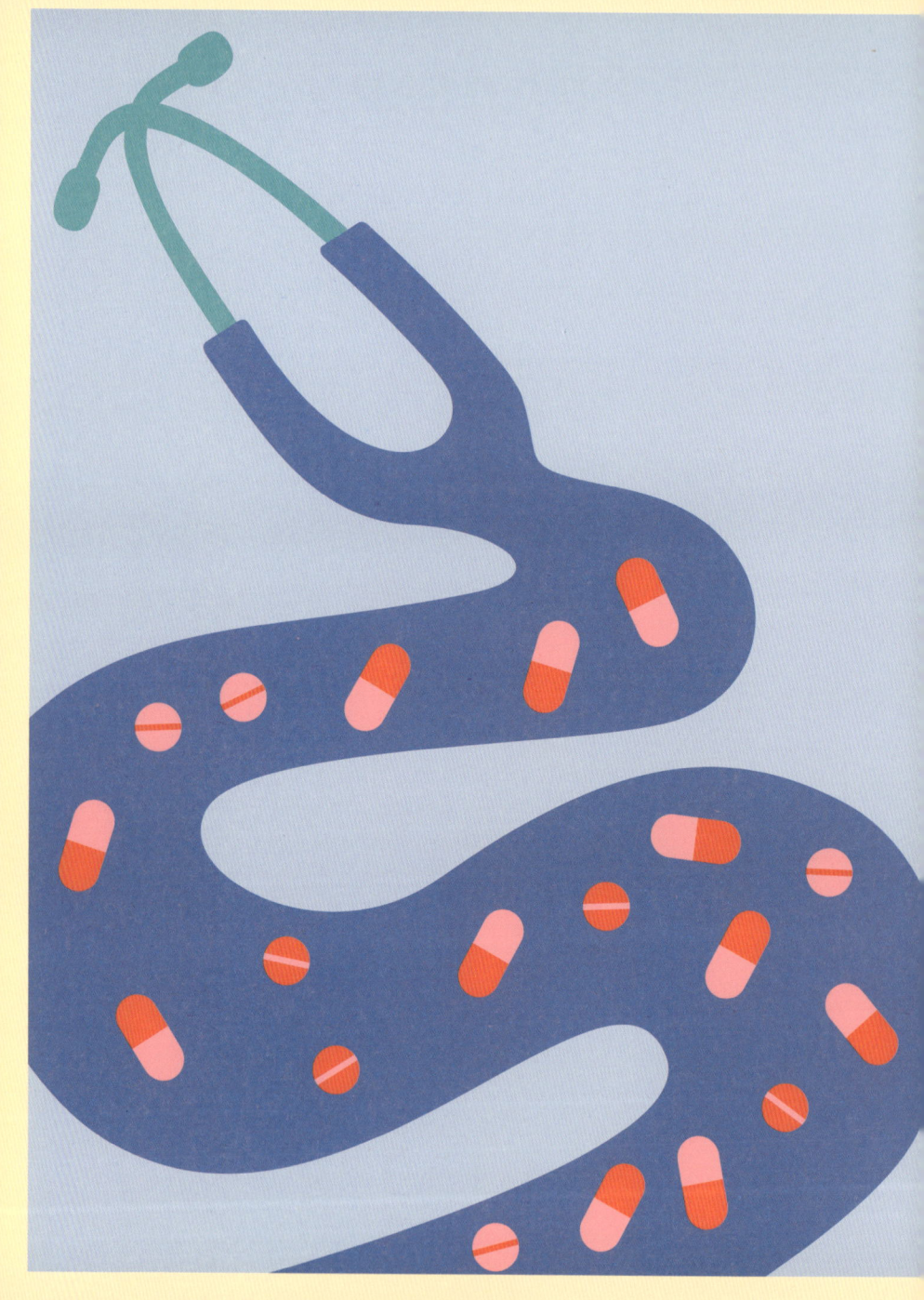

Chapter 7

병원에서

시작하기

치료 여정은 보통 일반의(GP)에게 증상을 이야기하는 것부터 시작된다.
일반의는 초기 진찰을 통해 필요한 검사를 의뢰하고,
더 전문적인 진료가 필요할 경우 병원으로 의뢰하게 된다.

의료 체계는 매우 복잡해서, 병원 안을 돌아다니는 것만으로도 혼란스러울 수 있다. 이건 의사도 마찬가지다. 하지만 진단부터 치료까지 어떤 과정이 이어지는지, 또 그 과정에서 어떤 전문가들을 만나게 되는지 미리 알아 둔다면 훨씬 덜 막막하게 느껴질 수 있다. 이 장에서는 어떤 일을 겪게 될지, 누구를 만나게 될지, 그리고 어떤 검사나 치료가 필요한지를 미리 짚어 보며 치료 여정을 이해할 수 있도록 도와줄 것이다.

일반의

응급 상황이 아니라면, 먼저 일반의와 상담해야 한다. 일반의는 현재 겪고 있는 증상의 종류뿐만 아니라 진단받은 병이 있는지, 복용 중인 약은 무엇인지, 가족력은 어떠한지, 그리고 생활 습관이나 주변 환경에 대해서도 여러 가지 질문을 한다.

그다음 단계로는 진찰이 이뤄질 수 있다. 이 과정에서 의사는 직접 눈으로 보고, 청진기로 듣고, 손으

진단받기까지 환자의 여정

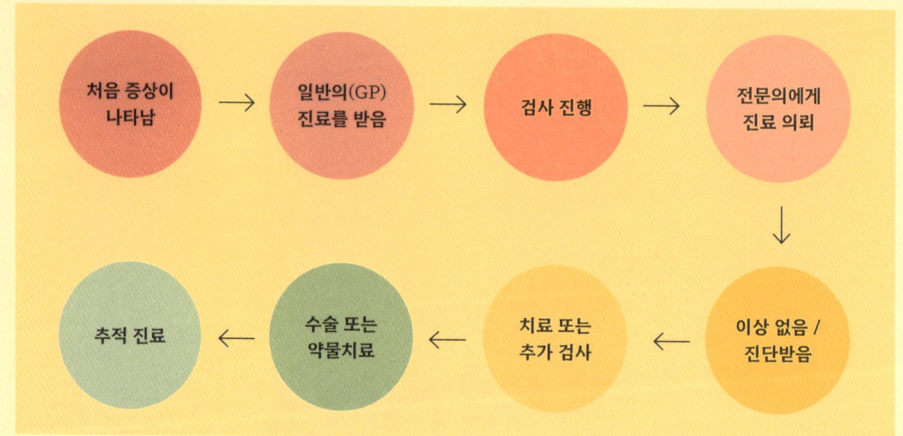

로 만져 보며, 특정 움직임을 통해 진단에 도움이 될 만한 신체 반응을 살핀다. 초기 진료가 끝나면 일반의는 검사 몇 가지를 의뢰할 수 있고, 그 결과에 따라 (혹은 검사에서 특별한 소견이 없을 경우에도) 필요하다고 판단되면 전문의에게 의뢰한다. 만약 여러 진료과의 전문의가 함께 진료해야 하는 상황이라면 일반의가 이들의 의견을 조율하고 종합해 줄 수도 있다. 진료 과정에서 들어야 할 정보가 많기 때문에 믿을 수 있는 누군가와 함께 병원에 가서 궁금한 점을 대신 질문하거나 진료 내용을 대신 메모해 주는 것도 도움이 될 수 있다.

신체 진찰

의대에서는 병을 진단하는 데 필요한 여러 가지 진찰 기술을 배운다. 신체 진찰에는 눈으로 살피기(시진), 청진기로 듣기(청진), 손으로 만져 보기(촉진), 손가락으로 두드려 보기(타진) 등이 포함된다. 특히 배 쪽과 관련된 부분을 눌러 보거나 만지는 과정은 다소 불편하게 느껴질 수 있다. 환자의 증상에 따라 의사는 특정 부위를 중심으로 살펴보며 병의 단서를 찾고, 가능한 진단 범위를 좁혀 간다.

눈으로 살피기(시진)

환자를 살펴볼 때, 의사는 피부 발진이나 흉터, 배의 모양, 맥박이 뛰는 모습, 피부색 변화 같은 이상 징후가 있는지 확인한다. 소화기 건강은 단지 배 안쪽에만 국한된 게 아니라는 점을 기억하자. 의사는 특정 부위를 보기 전에 먼저 환자의 전반적인 모습을 살펴본다. 어떤 경우에는 자가면역질환처럼 눈에 나타나는 피부 변화가 복부 이외의 부위에 생기기도 한다 (133~134쪽 참조).

귀로 듣기(청진)

청진기를 이용해 가슴과 배의 소리를 들을 수 있다. 배를 진찰할 때는 꼬르륵거리는 소리를 듣게 되는데, 이 소리를 의학적으로는 보르보리그미(borborygmi)라고 한다. 개인적으로 가장 좋아하는 단어 중 하나이기도 하다! 이런 소리가 들리지 않으면 장이 느리게 움직이거나 거의 작동하지 않는다는 뜻일 수 있다.

배에서 꼬르륵 소리가 들리지 않으면 장이 느리게 움직이거나 거의 작동하지 않는다는 뜻일 수 있다.

두드리기(타진)

의사는 배를 톡톡 두드려 보며 특정 부위에 물이 고여 있는지 확인한다. 복강에 물이 차는 복수 같은 경우에는(146쪽 참조), 손으로 '물결감'을 느끼는 방식으로 진찰하기도 한다. 물이 이리저리 출렁이는 걸 통해 진단에 도움이 되는 단서를 얻는 것이다. 마찬가지로, 옆으로 누운 자세에서 두드리는 소리가 어떻게 달라지는지 확인하기도 한다. 복수는 눕는 방향에 따라 아래로 가라앉기 때문에, 소리가 달라질 수 있다. 또한 간처럼 장기의 크기를 짐작하기 위해 특정 부위를 따라 두드려서 크기가 비정상적으로 작거나 커졌는지도 살펴본다.

만져 보기(촉진)

복부를 만지면서 여러 부위에 압력을 가하면 문제가 어디에 있는지 파악하는 데 도움이 된다. 아픈 정도(누르면 아픈 것을 '압통'이라고 한다), 배가 얼마나 단단하거나 부드러운지, 장기의 모양과 크기가 정상적인지, 혹은 만져지는 덩어리(종물)가 있는지 등을 확인할 수 있다. 물론 모든 종물이 만져지는 건 아니다.

복통이 복부 깊은 곳에서 오는지 아니면 겉부분(복벽 근육)에서 오는지를 판단하기 위한 특별한 진찰법도 있다. 때로는 숨을 들이쉬거나 내쉬게 하기도 하는데, 이건 장기를 특정 위치로 옮겨 쉽게 만져 보려는 목적이다. 숨을 들이쉬면 폐가 팽창하면서 복부 장기가 아래쪽으로 밀리기 때문이다.

곧창자 검사

팔꿈치나 눈처럼 항문도 그냥 몸의 한 부분일 뿐이라는 사실을 자꾸 잊게 만드는 낙인 탓에 곧창자 검사는 괜히 꺼려지는 경우가 많다. 하지만 걱정할 필요는 없다. 의사들은 정말 많은 몸을 봐 왔기 때문에, 팔꿈치를 보든 항문을 보든 전혀 개의치 않는다.

이 검사는 장갑을 낀 손가락을 항문에 조심스럽게 넣어 시행하며, 항문이나 곧창자에 혹이 있는지, 전립샘에 이상이 있는지, 항문 조임근 기능에 문제가 있는지, 혹은 손가락을 뺄 때 피가 묻어 나오는지를 확인하는 데 도움이 된다.

> 특정 장기가 제대로 작동하고 있는지를
> 알려 주는 단일 검사란
> 거의 없다는 점을 먼저 알아야 한다.

> **· 염증 수치 확인하기 ·**
>
> C반응단백질은 간에서 만들어지는 단백질로, 혈장 안에 있다. 몸에 염증이 생기면 이 수치가 올라간다. 칼프로텍틴은 변에서 발견되는 단백질이다. 장에 염증이 생기면 이 칼프로텍틴 수치도 함께 높아질 수 있다.

- 대변을 받을 때는 변기에 랩을 씌우거나 깨끗한 빈 플라스틱 음식 용기를 변기 위에 올려 받치면 된다.

- 용기 뚜껑 안쪽에 달린 플라스틱 숟가락을 사용해 대변을 떠낸다.

- 용기를 너무 가득 채우지 말고, 약 3분의 1 정도만 담는다.

- 용기에는 반드시 이름, 생년월일, 채취 날짜를 기재한다.

검사

특정 장기가 제대로 작동하고 있는지를 알려 주는 단일 검사란 거의 없다는 점을 먼저 알아야 한다. 정확한 진단을 위해 의사는 피 검사나 소변, 대변 검사 같은 여러 가지 실험실 검사를 함께 의뢰할 수 있다. 이러한 피, 대변, 그 외 체액 검체는 장기 기능을 확인하거나 특정 감염 여부를 알아보고, 유전 질환 같은 기저 질환을 밝혀내는 데 사용된다. 예를 들어 어떤 피 검사는 전해질 수치, 혈구 수치, 철분 수치, 염증 지표(C반응단백질, 적혈구 침강 속도, 대변 칼프로텍틴), 종양 표지자(CEA, CA 19-9), 그리고 세균 감염 여부를 확인하는 혈액 배양 검사 등을 포함할 수 있다. 검체는 병원에서 채취할 수도 있고, 환자가 직접 채취해 제출할 수도 있다. 예를 들어 대변 검사는 집에서 할 수 있으며, 대부분 다음과 같은 절차에 따라 수집 방법에 대한 안내가 함께 제공된다.

- 의료진이 제공한 이름표가 붙은 플라스틱 용기를 사용한다.

영상 검사

비침습적인 영상 검사, 예를 들어 엑스레이 촬영은 진단을 돕기 위한 다음 단계로 자주 시행된다. 질환의 종류에 따라 어떤 영상 검사가 더 적합한 경우도 있기 때문에, 의심되는 질환에 따라 의사가 적절한 검사를 선택하게 된다. 영상 검사의 종류에는 엑스레이, CT나 MRI 촬영, 초음파, 핵의학영상 검사 등이 있다. 물론 영상만으로는 알 수 있는 정보에 한계가 있기 때문에, 경우에 따라 내시경(166쪽 참조)처럼 좀 더 침습적인 검사가 필요할 수 있다. 내시경은 조직 검사를 함께 시행하거나 수술 계획을 세우거나 필요한 경우에는 치료하는 것까지 가능하다.

검사

내시경 검사는 몸속을 들여다보기 위해
얇고 긴 튜브에 카메라가 달린 장비를 사용하는
의학적 시술이다.

준비

내시경 검사는 목, 식도, 위 등 소화기관의 위쪽을 살펴보는 데 사용된다. 검사를 위해서는 위가 비어 있어야 하므로 일정 시간 동안 음식이나 음료를 삼가야 한다. 대장내시경의 경우에는 장을 깨끗이 비워 의사가 대장을 잘 살필 수 있도록 장 정결제를 마셔야 한다. 검사를 좀 더 편안하게 받을 수 있도록 진정제를 투여하며, 복잡한 경우에는 검사를 받는 사람이 완전히 잠들 수 있도록 수면제를 사용하기도 한다. 어느 경우든, 검사 후 귀가할 때는 반드시 동행자가 있어야 한다.

시술

내시경실이든 수술실이든, 이런 환경은 낯설고 다소 긴장될 수 있다. 검사실에는 위장내과 의사 외에도 마취과 의사, 내시경 간호사, 내시경 기술자, 그리고 병원이 교육기관일 경우 수련의나 의대생이 함께 있을 수 있다. 검사 도중에는 심장 박동수, 혈압, 산소포화도 등을 보여 주는 여러 모니터에 연결되며, 이를 통해 의사는 환자의 상태를 안전하게 살피고 변화에 즉각 대응할 수 있다. 방 안에는 다양한 도구들이 선반이나 장 안에 준비되어 있어 검사 중 필요에 따라 쉽게 꺼내 쓸 수 있다.

내시경은 위장내과 의사의 도구함에서 핵심 역할을 한다. 진단과 치료 모두에 사용되며, 이 기구를 통해 직접 눈으로 장기 안을 들여다보거나 초음파 유도를 이용해 관찰할 수 있다. 내시경은 물을 뿌리거나 분비물을 흡입하고, 공기나 이산화탄소를 주입해 장 안을 부풀려 점막을 더 잘 볼 수 있게 한다. 대부분의 내시경은 조직 검사를 위한 기구나 치료용 도구를 삽입할 수 있는 통로를 하나 이상 갖추고 있다.

내시경은 길이, 굵기, 그리고 유연성 면에서 다양

하다. 어떤 내시경은 풍선 보조 기능이 있어 장 깊숙이 들어갈 수 있게 돕거나, 초음파 기능이 탑재돼 장 표면 아래를 들여다볼 수 있다. 이 초음파 기능 덕분에 일부 종양에 바늘을 찔러 조직 검사를 하거나, 다양한 기구를 이용한 정밀 치료를 할 수 있다. 내시경은 삽입 위치에 따라 위쪽 소화관을 들여다보는 위내시경(입을 통해 삽입)과 아래쪽 소화관을 관찰하는 대장내시경(항문을 통해 삽입)으로 나뉜다. 이를 통해 위장 전문의는 위부터 장 끝까지 넓은 범위를 관찰하고 진단할 수 있다.

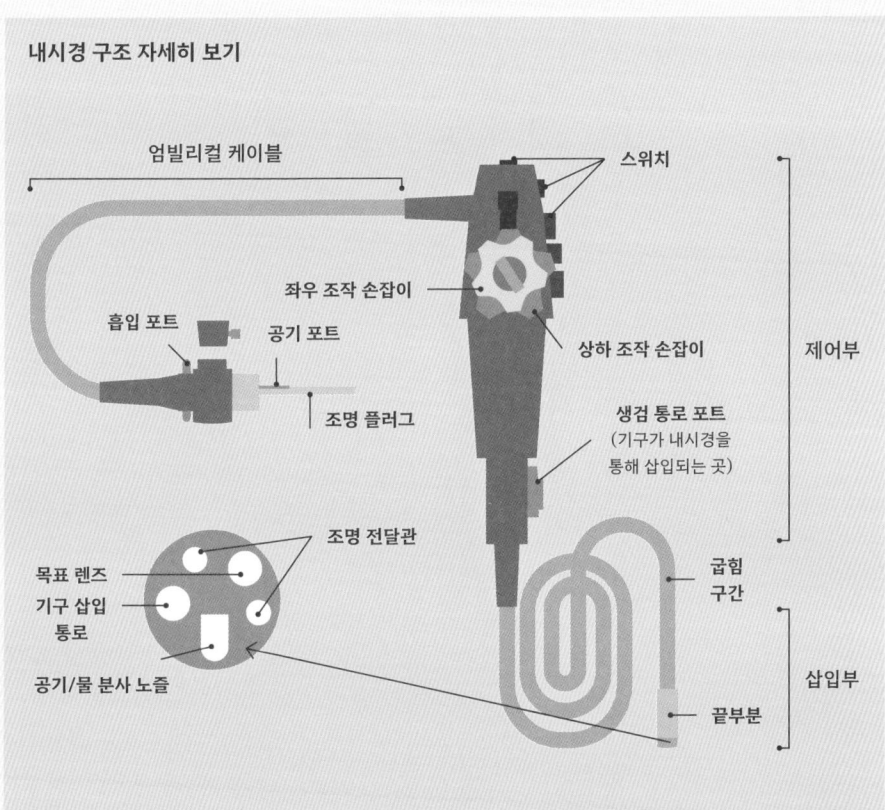

내시경은 길이와 굵기가 다양한 유연한 카메라이다. 의사는 이를 통해 장 내부를 탐색하고, 이상 부위를 관찰하며, 필요할 경우 기구를 생검용 통로를 통해 삽입해 치료를 진행할 수 있다.

캡슐 내시경

장은 깊숙한 곳까지 들여다보기가 쉽지 않다. 그래서 대안으로 '비디오 캡슐 내시경' 또는 '알약 카메라'라는 방법이 있다. 말 그대로 환자가 작은 캡슐 형태의 카메라를 삼키면, 이 카메라는 장을 지나며 사진을 찍고, 마지막에는 대변과 함께 몸 밖으로 나온다. 이 검사는 병원 진료실에서도 진행할 수 있다. 환자는 데이터 수신기가 달린 벨트를 착용하고, 캡슐이 보내는 정보를 그 벨트가 저장한다. 카메라는 장을 지나면서 계속 사진을 찍고, 의사는 이 사진들을 컴퓨터로 확인하며 이상 소견이 있는지 직접 살핀다.

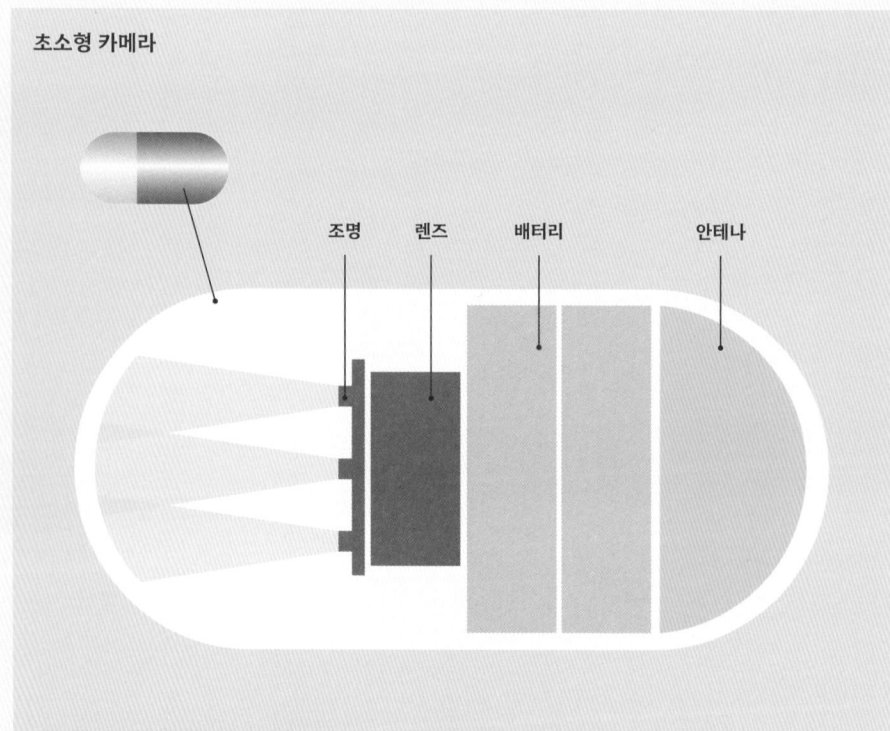

기존의 내시경에 비해, 비디오 캡슐은 몇 가지 장점이 있다.
크기는 대략 27×11mm 정도이며, 이 작은 카메라는 통증이 없어 진정제를 사용할 필요가 없다. 컬러 영상 촬영이 가능하고, 조기 진단에도 도움이 된다. 앞뒤로 카메라가 달린 알약 형태도 있다.

인공지능(AI)

최근 들어 인공지능 기술이 대장내시경 검사에 도입되어, 놓치기 쉬운 용종까지도 의사가 더 잘 찾아낼 수 있도록 돕고 있다. 의료 분야는 지금 인공지능을 활용해 건강 결과를 더 좋게 만들 수 있는 새로운 시대의 문턱에 서 있다. 앞으로 진단의 정확도, 검사 품질, 그리고 전반적인 효율성을 높이는 데 AI가 다양하게 활용될 것으로 기대된다.

인공지능과 기계학습에 필요한 충분한 컴퓨터 처리 능력이 비로소 가능해지면서, 병원 현장에도 본격적으로 적용되기 시작했다. 전암성 병변이나 암세포 같은 문제 부위를 찾아내는 데 그치지 않고, 이런 병변이 어떤 성격을 지니고 있는지까지 AI가 분석해 의사의 치료 판단을 도와주는 기술도 활발히 연구되고 있다. 미래에는 AI가 가족력, 혈액 검사 결과, 영상 자료 등 여러 데이터를 한꺼번에 분석해 더 빠르고 정확하게 진단을 내리고 치료 방침을 제시할 수 있을지도 모른다. 또한 진료 절차나 병원 운영 측면에서도 AI는 업무의 흐름을 더 효율적이고 체계적으로 만드는 데 기여할 가능성이 있다.

이미 다른 분야에서는 AI와 로봇 수술이 결합된 기술이 활용되고 있다. 예를 들어 척추 수술에서는 의사의 수술 정확도를 높이고, 결과를 더 좋게 만들기 위해 AI가 수술을 안내하는 기술이 실현되고 있다.

압력측정법

우리 몸의 소화기관이 얼마나 잘 작동하는지를 알아보는 검사에는 다양한 방법이 있다. 검사 부위나 장기마다 방식이 조금씩 다르다. 예를 들어 식도이완불능증 등을 확인할 때는 '식도 내압 검사'를 이용한다. 이 검사는 식도가 얼마나 잘 수축하는지를 살펴보는 검사이다. 얇고 휘어지는 압력 감지관(카테터)을 코를 통해 삽입해 식도 아래까지 넣는다. 이 관은 식도의 근육과 판막이 어느 정도 힘을 내는지를 측정하고, 그 결과는 수치로 기록되어 의사가 해석하게 된다. 또 다른 검사 방법으로는 무선 식도 산도캡슐이 있다. 위산이 식도로 역류하는 '위식도역류질환'을 진단하는 데 사용된다. 이 캡슐은 식도 벽에 일시적으로 붙어서, 위에서 식도로 올라오는 액체의 산도(pH)를 측정한다. 이렇게 다양한 방식으로, 몸속 장기가 제대로 작동하는지를 눈으로 확인하지 않고도 알아낼 수 있다.

> 의료 분야는 지금 인공지능을 활용해
> 건강 결과를 더 좋게 만들 수 있는
> 새로운 시대의 문턱에 서 있다.

팀워크

소화기내과에도 다양한 분과 전문의들이 있다.
이들은 다른 보건의료 전문가들과 함께 힘을 모아
환자의 회복을 돕는다.

소화기내과 전문의

대부분의 소화기내과 전문의는 '일반 소화기내과 전문의'로서, 위장관 전반에 걸친 질환에 대한 폭넓은 지식을 가지고 있고 흔한 질환은 대부분 진료할 수 있다. 모든 소화기내과 전문의는 기본적인 내시경 시술 교육을 이수한다. 특정 전문의 접근성이 높은 나라에서는, 보다 까다롭거나 일반 치료에 반응하지 않는 경우, 혹은 특별한 시술이 필요한 경우 더 전문화된 동료에게 진료를 의뢰할 수 있다. 지금부터 몇몇 분야별 소화기 전문의를 소개하겠다.

전문의

고난도 내시경

고난도 내시경 또는 중재적 소화기내과 분야의 전문의는 일반 내시경보다 더 복잡하고 침습적인 시술을 수행하기 위해 추가로 전문 교육을 받는다. 이들은 주로 췌장이나 쓸개관과 관련된 시술을 맡는다. 예를 들어 췌장 덩이의 조직 검사나 췌장암으로 인해 막힌 쓸개관을 뚫기 위한 스텐트 삽입 같은 시술이 있다. 이 분야 안에서도 더 세분화된 전문 영역이 존재하는데, 대표적으로 체중 감량을 위한 시술을 수행하는 의사들이 있다. 이들은 입을 통해 시행하는 내시경 비만 시술, 위풍선 삽입술, 또는 내시경 봉합 기구를 이용한 위소매 절제술(위소매 내시경)을 맡는다. 또한 '제3공간 내시경'이라 불리는 특수한 시술도 있다. 이 기법은 장벽의 층과 층 사이로 접근해 종양을 깎아 내거나 과하게 조여 있는 근육을 절개하는 방식이다.

염증성 장 질환

염증성 장 질환은 만성적이고 복잡한 자가면역질환으로, 점점 더 흔해지고 있다. 일부 소화기내과 의사들은 오직 이 질환 환자만을 집중적으로 치료하며 경력을 쌓는다. 이들은 염증성 장 질환 치료에 능숙할 뿐 아니라, 질환이나 치료 중에 생길 수 있는 합병증에 어떻게 대처할지, 수술을 받은 환자를 어떻게 관리할지도 잘 알고 있다. 최근에는 생물의약품처럼 자연 유래 성분으로 만든 새로운 치료제가 등장하고 있으며, 이 분야 전문의들은 이런 약물에 대한 이해도가 높고, 환자 반응이 없을 때 적절한 시점에 다른 치료로 전환하는 방법도 알고 있다. 많은 경우 이들은 새로운 치료법을 연구하는 임상시험에도 참여하고 있다.

운동성과 기능

소화기 운동 전문가들은 장운동 이상과 관련된 검사를 해석하고 이에 대한 치료를 제공하는 데 능숙하다. 일부 대학병원에서는 상부 위장관(식도이완불능증이나 위마비 등) 운동장애를 집중적으로 다루는 전문가와, 주로 하부 위장관(항문곧창자 기능 장애 등)을 다루는 전문가로 더 세분화되기도 한다. 또한 최근에는 과민대장증후군이나 기능성 소화불량처럼 흔해지고 있는 기능성 위장 질환을 전문적으로 진료하는 소화기내과 의사도 있다. 이런 질환은 치료 옵션도 점점 다양해지고 있어 이 분야에 대한 전문성이 점점 중요해지고 있다.

> **· 임상 영양사 ·**
>
> 소화기내과 의사들은 다양한 질환에 맞춘 식단을 계획할 때 영양 지식을 갖춘 임상 영양사들의 도움을 받는다. 이들은 염증성 장 질환 및 과민대장증후군 같은 특정한 장 질환이나, 영양 흡수에 변화가 생긴 수술 후 환자들에게 필요한 식이요법을 구체적으로 제안해 준다. 정맥영양요법(정맥으로 영양을 공급받는 방법)에 의존하는 환자의 경우, 임상 영양사는 탄수화물, 지방, 단백질 같은 다량영양소와 미량영양소의 균형을 맞추고 전해질이 적절히 유지되도록 구성된 맞춤형 혼합물을 설계해야 한다.

소아과

소아 소화기내과 전문의가 되는 길은 성인을 진료하는 의사와는 다르다. 소아 소화기내과 전문의는 내과가 아닌 소아과 전공의 과정을 거친 후, 소화기내과 세부 전공을 이수하게 된다. 발달장애 같은 질환은 아이들에게 더 흔히 나타나며(75~76쪽 참조), 어떤 질환은 어린 시절에 전혀 다르게 나타나기도 한다. 염증성 장 질환 같은 만성 질환의 경우, 소아과와 성인 소화기내과가 협력해 진료가 자연스럽게 이어지도록 논의가 필요한 경우도 있다. 드물게는 소아 소화기내과 전문의가 자주 시행하지 않는 시술을 위해 성인 전문의가 영유아나 소아에게 시술을 진행하는 경우도 있다.

간(간장) 및 이자 전문 진료

일부 간 전문의는 지방간이나 간염처럼 비교적 흔한 간 질환을 폭넓게 진료한다. 또 어떤 전문의는 간이식 전후의 질환을 관리하는 데 집중하며, 이식 대상자 선정 과정에도 깊이 관여한다. 한편 어떤 의사는 급성 및 만성 췌장염과 그에 따른 췌장 기능 저하 같은 이자 관련 질환에 집중하기도 한다.

소화기내과를 넘어서

하나의 질환을 치료할 때조차도 나는 다른 진료과 의사들의 조언에 자주 의존하게 된다. 소화기내과 의사로서 나는 영상의학과 전문의만큼 영상 판독에 능숙하지 않으며, 완화의료 전문의처럼 생의 마지막 단계에 대한 전략을 포괄적으로 세울 수 없고, 외과 동료들이 수행하는 특정 수술을 직접 집도할 수도 없다. 장에 생긴 병이 다른 장기나 몸 전체에 영향을 미칠 수 있기 때문에 여러 전문의의 지식과 경험이 필요할 때가 많다. 이상적으로는 이 전문가들이 정기적으로 만나 환자 진료 계획을 함께 세우고 그에 따른 포괄적인 치료 방침에 합의하는 것이 좋다.

일부 비(非)소화기내과 의사들은 진단 과정에서 소화기내과 의사를 돕는다. 예를 들어 병리과 의사는 현미경으로 본 조직 검체를 판독해 질병을 진단하는 데 중요한 역할을 한다. 영상의학과 의사는 우리가 의뢰한 엑스레이, 컴퓨터단층촬영, 자기공명영상, 핵의학영상 등을 해석하여 진단을 뒷받침한다. 다른 진료과 의사들은 치료나 환자 돌봄 과정에 관여하기도 한다. 암을 다루는 종양내과, 말기 질환이나 만성 통증을 관리하는 완화의학과, 감염내과, 내분비내과, 유전 질환을 다루는 유전의학과 등이 대표적이다.

특정 시술이 필요한 경우에는 소화기내과 의사가 해당 시술을 전문으로 하는 의사들과 협력해 각 접근법의 위험성과 이점을 비교해 보고 판단한다. 이때 협력하게 되는 의사들로는 중재적 영상의학과 의사나 외과 의사가 있으며, 영향을 받는 장기와 상황에 따라 위식도외과, 간췌담도외과, 이식외과, 대장항문외과, 비만수술 전문 외과, 외상외과 등이 포함될 수 있다.

게다가 의사는 환자를 치료하는 데 필요한 구성원의 일부일 뿐이다. 병원 안팎에서 환자 돌봄을 완성하는 데에는 다양한 보건의료인이 함께한다. 내시경 기기 전문 인력, 염증성 장 질환 간호사, 영양사, 물리치료사, 사회복지사, 약사, 행정 직원 등 여러 직역의 도움이 모여야 진료가 온전히 이루어진다.

수술

수술을 앞두고 불안하고 긴장될 수 있다. 하지만 걱정하지 않아도 된다.
당신의 외과의사는 철저히 준비되어 있다.

수술 전, 외과의사와 그 팀은 다른 진료과 의사들과 함께 당신의 문제에 가장 적합한 접근법을 찾기 위해 미리 계획하고 전략을 세운다. 입원 환자의 경우, 시술 팀과 병동 팀 간의 긴밀한 소통을 통해 필요한 장비와 도구가 정확히 준비되어 있도록 한다. 시술실에 들어가면, 의료진이 환자의 신원을 재확인하고 병력과 알레르기 유무 등을 체크한 뒤, 생체신호를 모니터링할 수 있도록 심박수, 혈압, 산소포화도 측정 장비를 연결하고, 팔에 정맥 주사 줄을 꽂아 마취과 팀이 약물을 투여할 수 있도록 준비한다.

내시경을 이용해 시행할 수 있는 시술은 매우 다양하다. 예를 들어 좁아진 부위를 넓히거나, 종양으

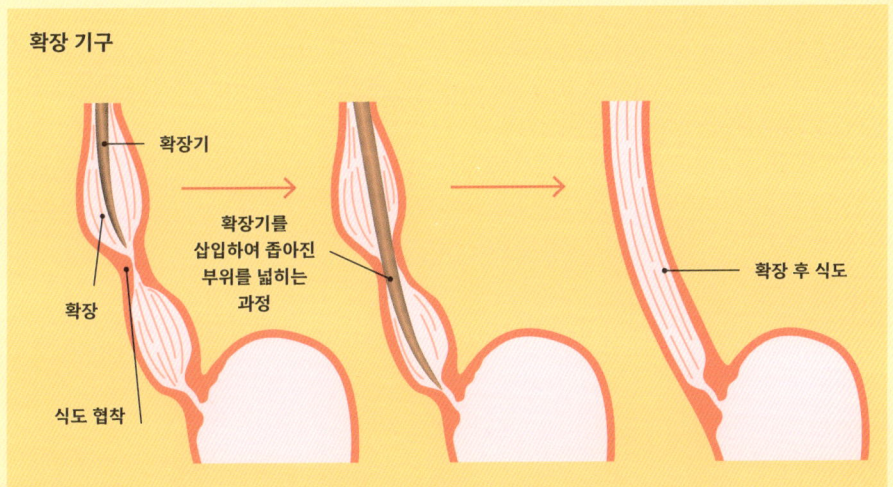

확장 기구

확장기 / 확장기를 삽입하여 좁아진 부위를 넓히는 과정 / 확장 후 식도 / 확장 / 식도 협착

식도 확장기는 시술 중에 삽입할 수도 있고, 경우에 따라 집에서 직접 사용할 수도 있다. 이 기구는 위산 역류로 인한 만성 염증이나 손상으로 식도가 좁아졌을 때, 그 좁아진 부위를 넓히는 데 사용된다. 이러한 협착은 대부분 양성이다.

로 인해 막힌 통로에 스텐트를 삽입해 열어 주는 시술이 있다. 전암성 변화(암으로 진행될 가능성이 있는 조직 변화)를 치료하는 시술도 있으며, 바렛 식도에서처럼 이형성 부위를 태워 없애는 방식이 대표적이다. 출혈 중인 혈관을 클립으로 집어 지혈하는 시술도 있다(172쪽 참조).

들어가는 길

위장내과 의사가 하는 일은 어찌 보면 집 안 배관 수리와 비슷하다. 막힌 곳을 뚫고, 새는 곳을 막고, 구멍 난 데를 메우는 식이다. 식도나 쓸개관처럼 장기 안의 공간이 양성 협착이나 암 덩어리로 인해 막힐 수 있다. 이런 경우에는 협착을 넓히거나 스텐트를 삽입하는 방식이 기본 치료법이다. 예를 들어 식도에 생긴 양성 협착은 음식이 부드럽게 내려가는 걸 방해하기 때문에, 풍선이나 자가 사용 확장기를 이용해 좁아진 부위를 넓히려는 시도를 하게 된다. 반면 식도나 쓸개관처럼 음식물이나 쓸개즙이 지나야 하는 곳에 생긴 종양은 좀 더 튼튼하고 오래가는 치료법이 필요할 수 있다. 상태가 일시적인지 지속적인지에 따라, 사용하는 스텐트 재료도 플라스틱이나 금속처럼 달라질 수 있다. 쓸개즙길을 막는 쓸갯돌은 제거하기가 까다로운 경우도 있다.

처음에는 쓸갯돌을 바로 꺼내 보려 하지만, 그게 잘 안 될 경우에는 철사망 바구니로 쓸갯돌을 으깨거나, 레이저나 충격파를 이용해 잘게 부수는 방법을 쓰기도 한다.

하나의 문제를 해결하는 방법은 여러 가지가 있지만, 그중에는 위험 부담이 더 큰 것도 있다. 시술의 침습 정도를 기준으로 보면, 내시경 검사는 입이나 항문처럼 원래 몸에 있는 구멍을 통해 들어가기 때문에 비교적 위험이 적은 편이다. 하지만 때로는 내시경이 문제 부위를 정확히 찾아내지 못하거나, 병든 조직까지 닿지 못해 적절한 치료가 어려운 경우도 있다. 이런 경우에는 수술이 다음 단계로 권장될 수 있다. 외과의사는 피부를 절개해 복부나 흉부 안으로 들어가 위장 질환을 치료하는 데 특화된 훈련을 받은 전문가이다. 짐작했겠지만, 일부 수술은 매우 복잡하고 다른 시술보다 훨씬 더 큰 위험을 수반하기도 한다. 다행히 기술이 발전하면서 수술의 침습성을 줄이고 결과를 개선할 수 있는 다양한 방법들이 개발되고 있다.

하나의 문제를 해결하는 방법은
여러 가지가 있다.

복강경 수술

복강경 수술은 배 전체를 절개하는 개복 수술과는 달리, 열쇠 구멍 정도의 작은 구멍만으로 수술을 진행할 수 있는 방법이다. 이 구멍 중 하나에는 카메라를 넣어 복부 내부를 볼 수 있게 하고, 다른 구멍들을 통해 수술 기구들을 삽입해 수술을 진행한다. 1990년대 초부터는 담낭절제술(쓸개 제거 수술)에 있어서 복강경 수술이 기존의 개복 수술을 거의 대체하게 되었다.

환자 입장에서 보면 흉터가 작아지면 통증도 줄고 회복도 더 빠르다. 덕분에 예전 같으면 개복 수술을 견디기 어려웠을 고령 환자들도 수술을 받을 수 있게 되었다. 물론 모든 수술을 복강경으로 할 수 있는 것은 아니다. 예를 들어 간 이식을 해야 하는 경우처럼, 장기 전체를 교체해야 할 때는 개복 수술이 불가피하다.

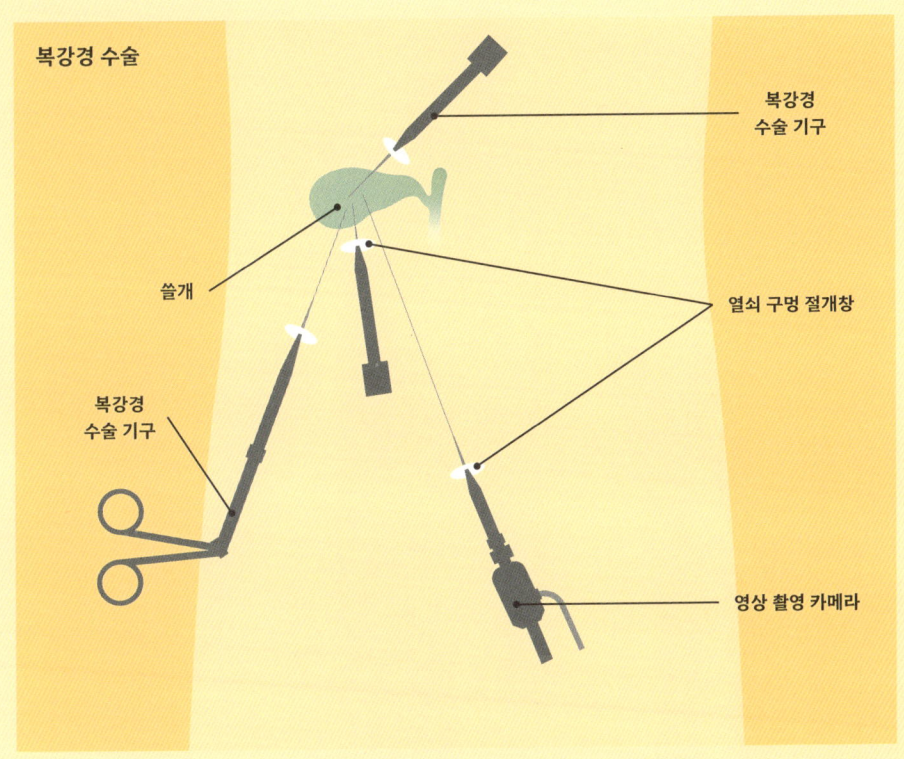

출혈을 막는 법

장 안에서 출혈이 생겼을 때 이를 멈추는 방법(지혈법)은 여러 가지가 있다. 어떤 지혈 도구를 쓸지는 출혈이 한 지점에서 뚜렷하게 나는지, 아니면 넓은 부위에 번져 있는지에 따라 달라진다.

가장 흔히 쓰는 방법 중 하나는 혈관을 기계적으로 집는 '클립'을 사용하는 것이다. 어떤 클립은 빨래집게처럼 생겼고, 어떤 클립은 곰 발톱처럼 생겼다. 또 다른 방법은 아드레날린 같은 약물을 주사해 혈관을 수축시키고 추가 출혈을 막는 것이다.

지혈을 위한 '지짐법(소작)'도 있는데, 이는 직접적인 접촉을 통해 태우거나(쌍극 소작법), 전류를 이용하는 방식(아르곤 플라스마 응고법)으로 출혈 부위를 치료하는 것이다. 때때로 궤양 바닥이나 진물 나는 종양처럼 출혈 부위가 넓을 경우, 지혈용 가루를 분사해 출혈을 막기도 한다. 식도에 생긴 확장된 혈관(정맥류)에는 고무밴드를 묶어 혈관을 조이는 방법도 있다(127쪽 참조). 처음 시도한 방법이 효과가 없을 경우, 다른 방법으로 바꿔 가며 치료할 수 있다.

가장 적합한 도구

혈관에 출혈이 있을 경우, '양극 소작기'를 사용해 압력을 가하고 해당 부위를 지져서 혈관을 막는 방법이 있다. 또 다른 방법은 '지혈 클립'을 사용해 혈관을 기계적으로 집어 닫는 것이다. 출혈이 넓게 퍼져 있는 경우에는 '가루 지혈제'를 뿌려 출혈을 막을 수 있다.

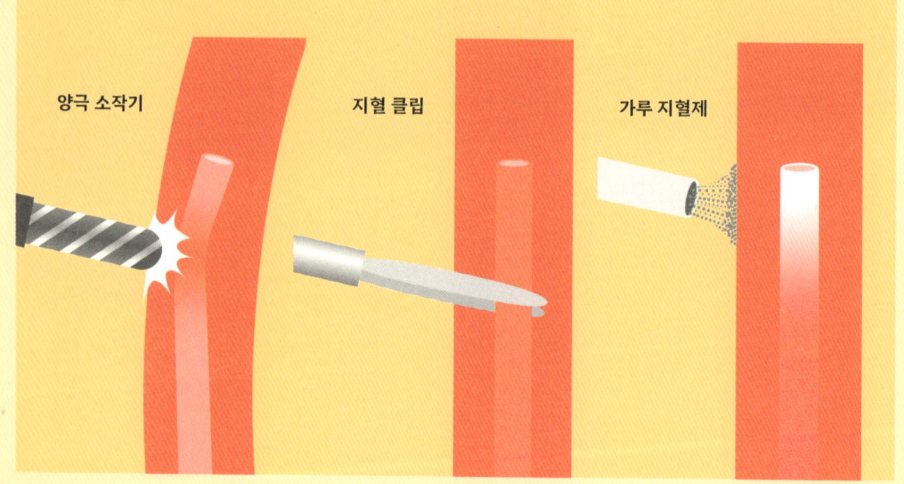

마무리 단계

내시경 봉합에는 다양한 방법이 있다. 현재 시중에 나와 있는 장치는 내시경 끝에 부착되어 바늘(봉합실이 연결된)을 몸속 조직에 통과시켜 겉에 흉터 없이 봉합할 수 있도록 도와준다. 내시경 봉합 덕분에 위장병 전문의들은 크고 얇은 용종이나 혹을 제거한 뒤 그 부위를 닫거나, 체중 감량을 위한 위축소 시술(내시경 비만 시술)에서 위 크기를 줄이거나, 구멍이 난 부위를 봉합하거나, 특정 스텐트 같은 장치를 제자리에 고정하는 등의 시술을 할 수 있게 되었다.

회복 과정

내시경 시술이 끝나면 환자는 시술실에서 회복실로 옮겨지고, 마취에서 깨어나는 동안 간호사가 상태를 지켜본다. 이때 메스꺼움이나 몽롱함, 불편함을 느낄 수 있다. 환자가 완전히 깨어나면 간호사가 집으로 돌아가도 될 만큼 상태가 안정적인지, 아니면 병원에 더 머물며 경과를 지켜봐야 하는 문제가 있는지를 평가한다. 시술 종류에 따라 담당 의사가 시술 보고서를 작성하고, 이후 관리 지침을 안내한다. 예를 들어 식도에 스텐트를 삽입한 환자는 스텐트가 막히는 것을 피하기 위해 부드러운 음식 위주로 식단을 조절해야 한다. 어떤 경우에는 위궤양 치료를 돕기 위해 위산분비억제제를 장기간 복용해야 하기도 한다. 지침을 모두 받고, 자택 회복이 가능한 상태라고 판단되면 환자는 보호자와 함께 귀가해야 하며, 첫날 밤 동안은 누군가가 곁에서 상태를 지켜봐야 한다.

일부 시술은 이후 진료 예약이 필요할 수 있다. 시술 중에 채취한 조직 검사 결과는 병리과에서 분석하게 되며, 이 결과가 나오기까지 며칠이 걸릴 수 있다. 이 결과에 따라 추가 수술이 필요한지, 추적 관찰이 필요한지, 혹은 암 전 단계의 용종을 제거한 경우라면 다음 대장내시경 검사를 몇 년 후에 받을지를 결정하게 된다. 스텐트처럼 시술에 사용된 장치를 몇 주 뒤 제거하거나 교체해야 해서 다시 병원을 방문해야 하는 경우도 있다.

> 일부 시술은 이후 진료 예약이
> 필요할 수 있다.

암

암은 소화기관의 거의 모든 장기에 생길 수 있지만,
모든 종양이 같은 방식으로
작용하는 것은 아니다.

위장관 관련 진료의 많은 부분은 다양한 암을 예방하고, 조기에 발견하고, 치료하는 데 집중되어 있다. 암은 세포 종류도 다르고, 위험 요인도 다양하며, 치료법도 각기 다르다. 예를 들어 비만처럼 위험 요인이 증가하면서 식도암 발병률은 점점 높아지고 있다. 반면, 대장암은 전 국민 대상 조기검진 권고가 시행되면서 전체 발병률은 점점 낮아지는 추세이다. 그러나 젊은 층에서의 대장암은 오히려 증가하고 있다.

위장병 전문의가 사용하는 여러 내시경 기구는 암 전 단계의 병변이나 초기 암을 진단하고 제거해 암 예방에 도움을 준다. 또 다른 내시경 기구는 종양으로 인해 장기가 막히는 등 암이 초래한 합병증을 해결하는 데도 사용된다. 암 치료는 보통 여러 전문의와의 협업이 필요한데, 이에는 종양내과, 영상의학과, 외과 전문의 등이 포함된다. 암의 크기와 진행 정도에 따라 절제 수술이 필요할 수 있고, 항암약물치료나 방사선치료, 그 밖의 치료가 병행될 수 있다.

검사

내시경 검사 중에는 겸자 도구를 이용해 표면에 자란 용종이나 혹의 일부를 떼어 내어 조직 검사를 할 수 있다. 쓸개관이나 식도처럼 관 모양의 장기에서는 세포를 긁어 내 실험실에서 이상 여부를 확인한다. 내시경 초음파를 이용해 바늘을 찔러 장기 내부 깊은 곳의 덩어리에서 조직을 채취하는 방법도 있다.

내시경은 암을 예방하는 데도 활용될 수 있다. 암으로 진행되기 전 단계의 병변은 내시경을 통해 해당 조직을 태우거나 얼려서 제거할 수 있다. 이때는 고주파 열응고술이나 냉동요법 같은 치료법이 쓰인다. 대장 내에서 발견된 일부 전암성 용종은 올가미처럼 생긴 '스네어' 기구로 잘라 낼 수 있다. 식도, 위, 대장 등에서 점막 가장 바깥쪽 층에 국한된 초기 암은 내시경으로 제거하는 것이 가능하다.

전암성 변화 치료

고주파 절제(조직 제거)는 바렛 식도에서의 전암성 혹은 이형성 변화(비정상 세포 변화)를 치료하고 식도암을 예방하는 대표적인 방법이다. 문제가 되는 부위를 태워 없애면, 그 자리에 새롭고 건강한 세포가 다시 자라날 수 있다.

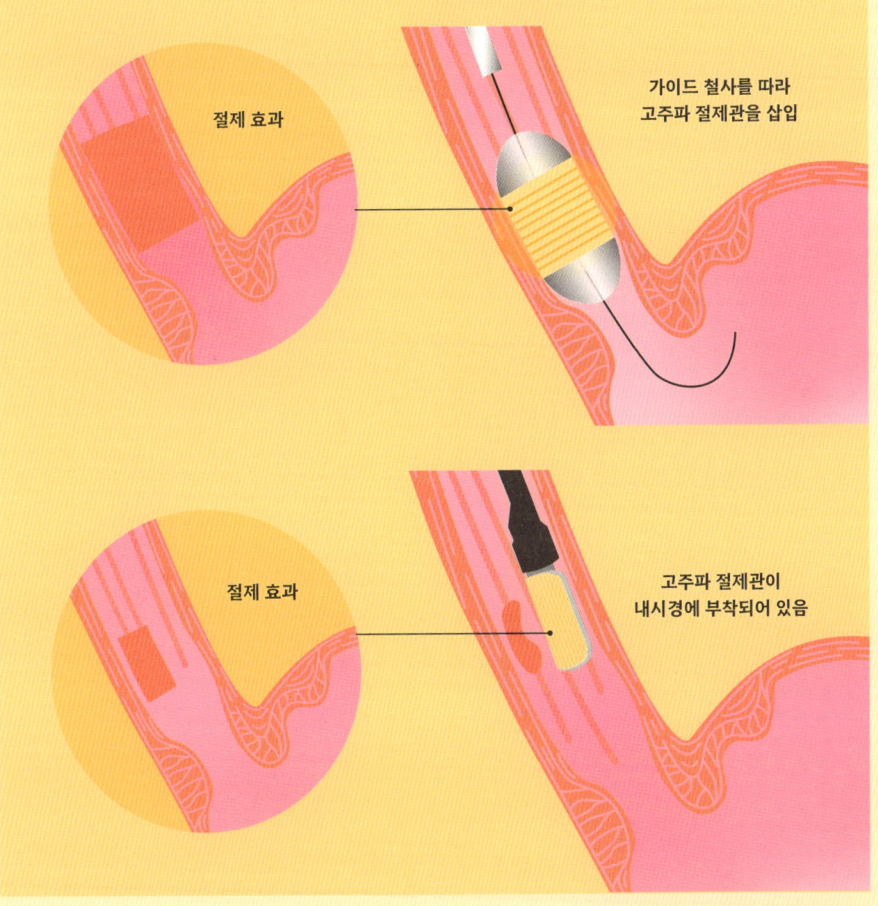

절제 효과

가이드 철사를 따라 고주파 절제관을 삽입

절제 효과

고주파 절제관이 내시경에 부착되어 있음

암 치료

암의 크기와 진행 정도에 따라 일부 암은 제거가 필요하고,
항암약물치료나 방사선치료 또는
다른 치료가 함께 이루어지기도 한다.

항암약물치료

항암약물치료는 정맥 주사나 먹는 약을 통해 온몸에 약물이 퍼져 작용하는 치료를 말한다. 일반적으로 항암제는 일정한 주기로 투여되고, 그사이 회복 기간이 있다. 이 약물들은 머리카락 빠짐, 메스꺼움, 구토, 입안 염증, 설사 또는 변비 같은 부작용으로 잘 알려져 있다. 때때로 신장이나 신경에도 손상을 줄 수 있고, 면역 기능을 억제해 다른 감염에 잘 걸릴 수 있는 상태가 되기도 한다. 그럼에도 불구하고, 대부분의 경우 이런 위험보다 얻는 이득이 더 크다고 받아들여지고 있다.

진단받은 암의 종류에 따라 종양혈액내과 전문의의 판단하에 다양한 항암치료 조합이 권장된다. 종양을 수술로 제거하기 전에, 종양의 크기를 줄이기 위해 선행항암치료나 방사선치료가 필요할 수 있고, 수술 후에는 2차 암 발생을 억제하기 위해 보조항암치료를 하기도 한다. 때로는 수술이 어려운 경우에도 항암약물치료나 방사선치료로 생명을 연장할 수 있다.

때로는 수술이 어려운 경우에도
항암약물치료나 방사선치료로
생명을 연장할 수 있다.

면역치료

일부 암에서는 면역치료제가 치료 옵션으로 사용되며, 현재도 다양한 치료제가 개발 중이다. 항암약물치료와 달리, 면역치료는 우리 몸의 면역체계를 강화해 암세포를 공격하게 만든다. 이 덕분에 정상 세포나 장기에 영향을 거의 주지 않아 부작용이 비교적 적은 편이다. 면역치료가 가능한지는 암의 위치, 진행 정도, 치료 효과, 예상되는 부작용 등을 종합적으로 고려해 결정된다. 때로는 더 침습적인 치료에 앞서 먼저 사용되기도 한다. 어떤 면역치료제는 너무 효과가 좋아 암 치료 방식을 완전히 바꿔 놓았고, 많은 환자에게 다시 한번 살아갈 수 있는 기회를 선물했다.

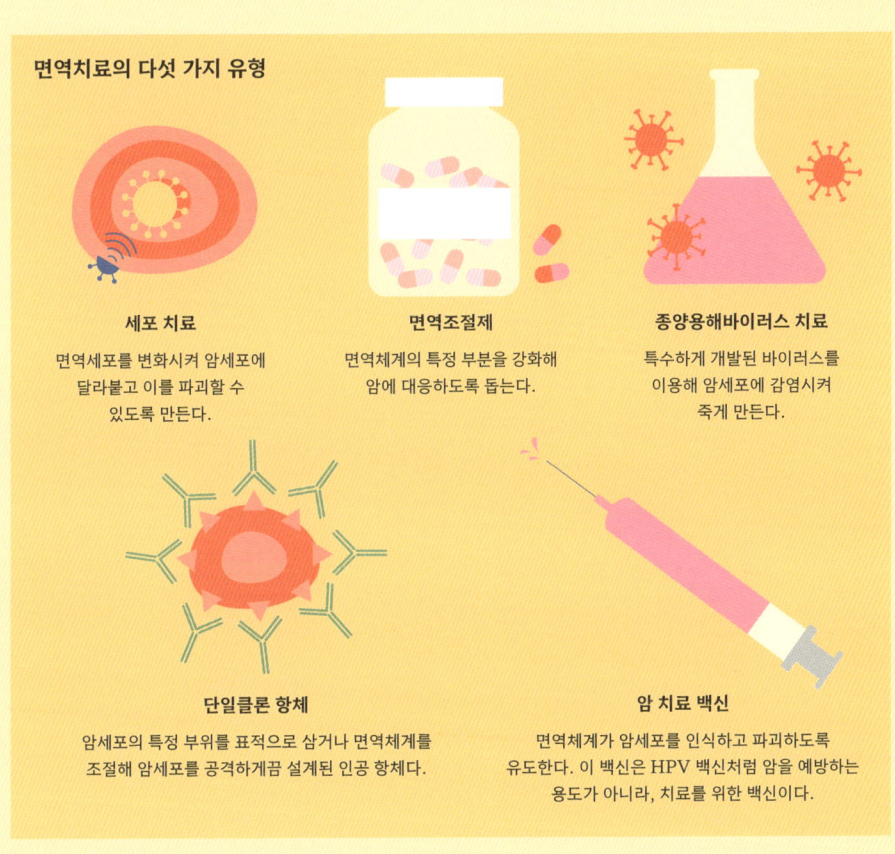

면역치료의 다섯 가지 유형

세포 치료
면역세포를 변화시켜 암세포에 달라붙고 이를 파괴할 수 있도록 만든다.

면역조절제
면역체계의 특정 부분을 강화해 암에 대응하도록 돕는다.

종양용해바이러스 치료
특수하게 개발된 바이러스를 이용해 암세포에 감염시켜 죽게 만든다.

단일클론 항체
암세포의 특정 부위를 표적으로 삼거나 면역체계를 조절해 암세포를 공격하게끔 설계된 인공 항체다.

암 치료 백신
면역체계가 암세포를 인식하고 파괴하도록 유도한다. 이 백신은 HPV 백신처럼 암을 예방하는 용도가 아니라, 치료를 위한 백신이다.

방사선치료

방사선치료는 피부를 통해 혹은 방사선 물질을 체내에 삽입하는 방식으로 암이 위치한 부위에 직접 전달된다. 일부 방사선 약물은 온몸을 순환하며 전달되기도 한다. 방사선치료는 암세포의 유전자를 손상시켜 암세포를 파괴하는 방식으로 작용한다. 부작용은 다양하며 피로, 피부 자극, 메스꺼움, 설사, 불임 문제 등이 있을 수 있다. 어떤 방사선 관련 변화는 치료 후 수개월에서 수년에 걸쳐 늦게 나타나기도 하는데, 예를 들어 '방사선 곧창자염'으로 인한 곧창자 출혈 등이 있다.

점막하 박리술은 암을 한 덩어리로 떼어 내기 위해 사용하는 내시경적 수술 기법이다. 특수 내시경 칼을 이용해 암 조직을 장기 깊은 층에서 들어 올려 제거한다. 하지만 암이 너무 깊이 침범했거나 크기가 클 경우에는 수술이 더 적합한 선택이 될 수 있다. 암의 위치에 따라 추천되는 수술 방식도 달라진다.

예를 들어 식도암의 경우에는 식도의 일부분을 절제하는 식도절제술이 자주 시행된다. 대장암의 경우에도 대장의 일부를 절제하며, 남은 장을 어떻게 다시 연결할지는 종양의 위치에 따라 달라진다.

암의 합병증 치료 역시 소화기내과의 중요한 역할 중 하나이다. 예를 들어 이웃 장기를 누르는 췌장 종양의 간접적인 영향, 혹은 암 치료로 인한 소화기계 부작용 등이 이에 해당한다.

> 방사선치료는
> 암세포의 유전자를 손상시켜
> 암세포를 파괴하는 방식으로
> 작용한다.

소화기 관련 일반의약품

증상이 심하거나 오래 지속된다면 반드시 진료를 받아야 한다.
하지만 일시적인 증상이라면 약국에서 살 수 있는
일반의약품이 편리한 선택이 될 수 있다.

약국에서는 흔히 속쓰림이나 변비처럼 흔한 증상에 쓰이는 약을 쉽게 찾을 수 있다. 포장지에 적힌 설명과 복용법을 반드시 잘 읽고, 이런 약 없이는 일상생활이 힘들 정도라면 꼭 병원을 방문해 진료를 받아야 한다.

속쓰림 약

제산제는 위산의 양을 줄이기보다는 산을 중화시키는 방식으로 작용하는 약이다. 대부분의 제산제에는 탄산칼슘, 수산화마그네슘, 수산화알루미늄, 탄산수소나트륨 중 하나 이상의 성분이 들어 있다. 제산제는 산을 중화하는 것 외에도 다른 작용을 하기도 한다. 예를 들어 수산화마그네슘은 변비약처럼 작용하고, 수산화알루미늄은 위 점막을 감싸 보호막을 형성한다. 어떤 제산제는 다른 성분과 함께 들어 있어 속에 가스가 찰 때 같은 증상을 완화해 주기도 한다.

프로톤펌프억제제는 위에서 산을 만드는 작용을 억제하는 약물로, 이름이 '-프라졸(예: 오메프라졸)'로 끝나는 경우가 많다. 위산 역류의 1차 치료제로 권장되며, 위궤양을 치료할 때도 사용된다. 보통은 이 약을 단기간 복용하는 것이 목표이지만, 일부 사람들은 증상 조절을 위해 장기적으로 복용하기도 한다. 지금까지의 연구에 따르면 장기간 복용 시 설사나 골다공증, 골절의 위험이 높아질 수 있다. 이는 위산이 칼슘, 마그네슘, 비타민 B12 같은 영양소의 흡수에 중요한 역할을 하기 때문이다. 위산이 줄면 장내 세균이 늘어나 설사를 유발할 수 있다는 점도 있다. 다만 신장 질환이나 치매와의 연관성은 명확하게 입증되지 않았다.

> 제산제는 위산의 양을 줄이기보다는 산을 중화시키는 방식으로 작용하는 약이다.

H2 차단제는 위에서 산을 만들도록 자극하는 물질인 히스타민의 작용을 억제하는 약물이다. 이름이 '-티딘'으로 끝나는 경우가 많으며, 일반의약품으로 판매되는 제품에는 파모티딘(펩시드), 라니티딘(잔탁), 시메티딘(타가메트) 등이 있다. 일반적으로 H2 차단제는 프로톤펌프억제제보다 효과가 약한 것으로 알려져 있다.

설사제와 대변 연화제

자극성 완하제는 장의 신경을 자극해 장 근육이 수축하고 대변이 잘 이동하도록 돕는다. 비사코딜(둘코락스)과 센나가 대표적인 자극성 완하제이다. 이런 약을 오래 사용하면 몸이 약에 익숙해지거나 의존하게 되어, 약을 끊었을 때 오히려 변비가 생길 수 있다.

삼투성 완하제는 대변으로 물을 끌어 들여 대변을 부드럽게 만든다. 삼투 현상은 물이 농도가 낮은 쪽에서 높은 쪽으로 이동하는 과학적 원리이다. 삼투성 완하제로는 폴리에틸렌글리콜(모비콜), 락툴로오스, 수산화마그네슘 등이 있다.

글리세린 좌약은 항문 안에 넣으면 체온에 의해 녹는다. 글리세린은 당알코올로, 물을 끌어당기는 성질이 있어 대변에 수분을 더해 준다. 또 곧창자 점막을 자극해 장 근육이 수축하게 만들고 대변을 밀어내는 데 도움을 준다.

도큐세이트(콜라이스)는 변을 부드럽게 만드는 약으로, 대변에 수분이 더 잘 스며들도록 해 준다. 수분과 지방이 대변 속에 잘 퍼지게 만들어 대변이 말랑해지는 것이다. 자극성 완하제와 달리 도큐세이트는 장 근육을 자극하지 않는다.

섬유질 보충제는 완하제의 한 종류로 볼 수 있지만, 동시에 대변의 부피를 늘리는 역할도 한다. 섬유질은 물에 녹는 수용성 섬유질과 물에 녹지 않는 불용성 섬유질로 나뉘며, 두 가지 모두 꾸준한 식단에 포함하는 것이 좋다. 수용성 섬유질은 물에 녹아 젤 형태로 변해 대변의 수분을 늘리는 데 도움을 준다. 대표적인 예로는 차전자피(메타뮤실)와 메틸셀룰로오스(시트루셀)가 있다. 불용성 섬유질은 물에 녹지 않으며 장을 청소하는 데 도움을 준다. 밀 덱스트린(베네파이버), 밀기울 등이 이에 해당한다. 수용성 섬유질은 장 속 세균에 의해 발효되지만, 불용성 섬유질은 소화되지 않고 그대로 배출된다.

지사제

지사제는 창자의 움직임을 느리게 하여 설사를 멎게 하는 데 도움을 준다. 일반의약품으로 구입할 수 있는 대표적인 지사제는 로페라미드(이모듐)이다. 로페라미드는 연동운동을 늦춰 장의 움직임을 줄인다. 이 약은 뇌로는 작용하지 않기 때문에 장에만 국한되어 효과를 나타내며, 설사 증상을 완화한다.

비스무트살리실산염 역시 지사 작용이 있다. 이는 펩토비스몰이나 카오펙테이트 같은 일반의약품의 주요 성분이다. 비스무트살리실산염은 위산을 중화시키는 작용 외에도 메스꺼움, 소화불량, 설사 완화에 도움이 되며, 장 점막을 코팅해 추가적인 자극과 염증으로부터 보호한다. 참고로 펩토비스몰을 복용하면 대변이 검게 변할 수 있으니, 놀라지 않아도 된다.

자연 요법

지속적인 증상이 있는 환자에게 자연 요법이나
보완 요법은 때때로 큰 도움이 될 수 있다.

· 자연 요법일까, 처방약일까? ·

의사로서 나의 목표는 가능한 한 처방약 사용을 줄이는 것이다. 실제로 기존 약물이나 시술만으로는 충분하지 않은 경우도 많다. 다만 자연 요법은 일반적인 약물과 달리 과학적인 검증 절차를 거치지 않는 경우가 많아, 그 효과가 제대로 입증되지 않았을 수 있다는 점을 기억해야 한다. 또한 "자연"이라는 말은 제품에 따라 의미가 제각각이며, 인공 성분을 피하고자 하는 마음은 이해되지만 어떤 상황에서는 자연 요법이 오히려 역효과를 낼 수 있다. 증상을 제대로 다스리기 위해서는 전문가의 조언을 받는 것이 가장 좋다.

장-뇌 연결이라는 개념에 비추어 볼 때, 이 경로를 조절함으로써 증상이나 질환을 개선할 수 있는 자연 요법들도 있을 수 있다. 예를 들어 바이오피드백 치료는 여러 소화기 질환에 널리 쓰이는 효과적인 치료법이다. 이는 시각적 또는 청각적인 피드백을 활용해 숨쉬기 같은 자동적인 신체 기능을 조절하는 마음-몸 훈련이다. 어떤 치료를 받을지에 따라, 전문가의 도움을 받는 것이 바람직할 수 있다.

프로바이오틱스

프로바이오틱스는 흔히 '좋은' 세균으로 알려져 있으며, 보충제 형태로 섭취하거나 살아 있는 유산균이 들어 있는 요구르트나 발효유 같은 식품으로 섭취할 수 있다. 건강식품점에서는 락토바실루스 아시도필루스, 비피도박테리움 락티스, 사카로미세스 불라르디, 스트렙토코쿠스 서모필루스 같은 균주가 포함된 다양한 형태의 프로바이오틱스 보충제를 찾아볼 수 있다. 하지만 과학적으로는 어떤 균주가 가장 효과적인지, 어떤 질환에 가장 유익한지, 제품 간의 품질 차이는 어느 정도인지, 어느 정도의 용량을 얼마 동안 복용해야 하는지에 대해서는 아직 명확한 결론이 나지 않았다.

미국소화기학회에서 발표한 최신 근거 기반 진료 지침에 따르면, 프로바이오틱스 복용이 권장되는 경우는 다음과 같다. 첫째, 항생제를 복용 중인 성인과 소아. 둘째, 염증성 장 질환이 있는 환자. 셋째, 주머니염 수술을 받은 환자. 넷째, 괴사성 장염(장에 세균 감염이 생겨 염증과 세포 괴사가 발생하는 치명적인 질환)을 예방하기 위해 특정 균주가 도움이 될 수 있는 미숙아 및 저체중 신생아이다. 프로바이오틱스에 관심이 있다면 소화기내과 전문의나 주치의와 상담해 안전성을 먼저 확인하고, 소량으로 시작해 몸의 반응을 살펴보는 것이 좋다. 한편, 프리바이오틱스(좋은 세균의 먹이)의 경우 일부 사람들에게 도움이 될 수도 있으나, 복부 팽만감이나 가스를 악화시킬 수도 있다.

매일같이 다양한 질환에 대한 프로바이오틱스 활용 관련 새로운 연구 결과가 발표되고 있다. 전문가들은 이 데이터를 바탕으로 과학적으로 충분하고 믿을 수 있는지를 평가하며, 특정 상황과 질환에 적합한 프로바이오틱스 사용 권고안을 계속해서 다듬고 있다.

운동

운동은 심장 건강에도 중요할 뿐 아니라 장으로 가는 혈액순환과 산소 공급을 늘리고, 장 기능을 전반적으로 좋게 하며, 변비 환자의 배변을 유도해 주고, 더 나아가 암 위험까지 줄이는 데 도움을 준다. 게다가 운동은 스트레스를 줄이는 데도 효과적인데, 이는 장과 뇌가 서로 영향을 주고받는 구조(장-뇌 축)를 생각하면 꽤 중요한 포인트다.

요가는 몸과 마음을 동시에 다루는 운동의 한 형태이다. 여러 연구에서는 요가와 같은 운동이 자극이나 스트레스를 줄여서 과민대장증후군처럼 장-뇌 축과 관련된 질환의 증상을 완화할 수 있는지를 살펴보고 있다. 또한 운동이 장내 세균에 어떤 영향을 주는지에 대한 연구도 계속 진행 중이다.

치료법

행동치료는 장-뇌 축과 관련된 질환에 효과가 있을 수 있고, 골반바닥 기능 장애 같은 다른 질환에도 도움이 될 수 있다. 인지행동치료나 최면요법처럼 심리적인 접근은 과민대장증후군 환자에게 도움이 되기도 한다. 바이오피드백을 활용한 골반바닥치료는 배변 시 어떤 근육이 어떻게 작용하는지를 알려 주고, 화장실에서 근육을 제대로 조절하는 훈련이 왜 중요한지를 교육한다. 행동치료는 여러 가지 장 질환에 대한 불안을 줄이는 데 중요한 역할을 할 수 있고, 통증이나 메스꺼움 같은 만성 증상을 겪는 환자들이 일상에서 잘 견디도록 돕는 데에도 큰 힘이 된다.

> 운동은 스트레스를 줄이는 데도 효과적인데,
> 이는 장과 뇌가 서로 영향을
> 주고받는 구조(장-뇌 축)를 생각하면
> 꽤 중요한 포인트다.

약초와 향신료

약초는 장과 관련된 증상에 흔히 쓰이는 치료법이다. 경험적으로 생강과 생강차는 메스꺼움이나 구토에 쓰이는 전통적인 민간요법으로 알려져 있다. 과민대장증후군 환자에게는 시중에서 구할 수 있는 박하 기름이 효과가 있다는 연구 결과도 있다. 박하 기름은 창자 근육을 이완시키는 데 도움이 된다. 강황의 주성분인 커큐민 역시 항염 작용이 있어, 염증성 장 질환 같은 질환에 도움이 될 수 있는지 연구가 진행되고 있다.

침술

침술은 얇은 침을 피부에 찔러 넣는 전통 요법으로, 오래전부터 한의학에서 위장 관련 증상을 완화하는 데 사용되어 왔다. 특정 질환에 대한 효과나 치료 작용 방식에 대해서는 아직 명확한 합의는 없지만, 장 운동성이나 장벽의 건강, 민감도 개선 등에 도움이 될 수 있다는 가설이 있다. 다만 이 부분은 앞으로 더 많은 연구가 필요하다.

대마

일부 국가나 지역에서는 대마를 의료 목적으로 합법적으로 처방하거나 구매할 수 있다. 대마는 염증성 장 질환 같은 일부 질환의 증상을 완화하는 데 도움이 될 수 있다고 알려져 있다.

하지만 대마를 장기간 사용할 경우 오히려 증상이 악화될 수 있으며, 심한 반복성 구토를 유발하는 대마구토증후군이라는 질환이 생길 수도 있다.

· 발효식품 ·

소화와 건강에 도움이 되는 음식으로 여겨지는 전통 발효식품에는 사우어크라우트, 김치, 콤부차, 케피어 등이 있다. 이런 음식들은 살아 있는 미생물, 예를 들어 세균이나 효모를 활용해 만들어지지만 모든 발효식품이 프로바이오틱스를 포함하고 있는 것은 아니다.

김치
한국 전통 음식으로, 생강 같은 향신료를 더해 만든 채소 발효 음식이다.

많이 하는 질문들

어떤 수술은 왜 회복이 더 오래 걸릴까?

수술이 몸에 얼마나 침습적인지에 따라 회복 시간에 차이가 생긴다. 수술이 필요했던 병의 심각성도 회복에 영향을 줄 수 있고, 그 외에 갖고 있던 기저 질환들도 상처 회복 속도에 영향을 미칠 수 있다.

•

왜 모두가 매년 암이나 다른 병에 대한 검진을 받을 수는 없는 걸까?

각 나라의 검진 권고는 해당 검진이 질병을 예방하는 데 얼마나 효과적인지, 그리고 실제로 사용할 수 있는 자원이 얼마나 되는지에 따라 달라진다. 의료 자원은 무한하지 않기 때문에 잘 쓰는 게 중요하다. 무턱대고 모두를 대상으로 검진을 하면, 정작 증상이 있는 사람들을 위한 장비가 부족해질 수 있다.

•

의사들이 특정 약을 쓰면 돈을 더 받는 건가?

약을 처방하고 돈을 받는 일은 불법이다. 요즘은 의사와 제약회사의 관계가 아주 엄격하게 관리되고 있고, 일부 나라에서는 이런 정보가 공개되기도 한다.

•

항암치료를 하면 왜 머리카락이 빠지나?

모든 항암치료가 머리카락을 빠지게 하지는 않는다. 머리카락을 만드는 세포는 빠르게 자라는 편인데, 일부 항암제는 이렇게 빨리 자라는 세포를 공격한다. 그래서 머리카락도 영향을 받을 수 있다. 치료가 끝나면 머리카락은 다시 자란다.

병원에 있으면 똑같은 질문을 왜 계속 받는 걸까?

의사와 의료진 들이 직접 환자의 이야기를 듣고 싶어 하기 때문이다. 진료 기록에만 의존하면 정보가 빠지거나 오해가 생길 수 있어서, 여러 번 확인하는 과정이 필요하다. 불편하더라도 정확한 진료를 위한 절차라고 생각하고 조금만 참고 기다려 주면 좋겠다.

•

의사가 아무 약도 안 줬는데, 이거 제대로 진료받은 게 맞는 걸까?

많은 의사들이 꼭 필요하지 않은 약은 일부러 처방하지 않는다. 어떤 병은 약을 쓰지 않아도 자연스럽게 낫는 경우가 많기 때문에, 약을 쓰는 게 오히려 해가 될 수도 있다. 약이 많아질수록 부작용이나 약물 간 상호작용의 위험도 커지기 때문에, 꼭 필요한 경우가 아니라면 처방을 줄이는 게 오히려 더 현명한 진료일 수 있다.

•

병 때문에 외롭다. 어떻게 해야 할까?

인터넷과 SNS 덕분에 요즘은 나와 비슷한 경험을 한 사람들을 훨씬 쉽게 찾을 수 있다. 실제로 많은 환자들이 환우 모임이나 환자 주도 단체에 참여하면서 위안을 얻고, 병에 대한 정보도 나누며 큰 도움이 되었다고 말한다. 때로는 이 모임들이 더 나은 치료 환경을 만들기 위한 활동에도 함께하게 된다.

마치며

참고 자료

찾아보기

감사의 글

마치며

장 건강은 우리 모두에게 해당하는 이야기다. 우리는 매일 장을 통해 영양분을 흡수하고, 노폐물을 배출하며, 때로는 메스꺼움, 복통, 설사 같은 증상을 겪는다. 이런 증상은 단순한 배앓이일 수도 있고, 췌장암처럼 가장 두려운 질병과 관련될 수도 있다. 모두가 장 건강에 대해 나름의 경험이 있음에도 불구하고, 이 복잡한 여러 장기로 이루어진 시스템을 지나치게 단순하게 생각하는 경우가 많다. 전문적인 용어조차도 실제 장기의 역할을 충분히 반영하지 못하고 있다. 예를 들어 '위장병학(gastroenterology)'이라는 진료과 명칭은 'gastro-'가 위를, 'entero-'가 창자를 뜻하지만, 그 두 장기만을 가리키는 말이다. 사실 우리 몸은 장 속의 여러 장기가 서로 긴밀하게 작용하면서 다양한 기능을 수행하며, 그중 일부는 위나 창자만으로는 설명할 수 없는 방식으로 우리의 건강에 영향을 미친다.

장 건강이 흥미로운 이유 중 하나는, 장 생리학에 대한 새로운 발견과 치료 기술이 끊임없이 개발되고 있기 때문이다. 장 건강의 역사를 살펴보면 우리가 얼마나 짧은 시간 안에 많은 것을 알아냈는지 분명히 보인다. 이렇게 급변하는 분야에서는 장 건강에 대해 균형 잡힌 시각을 갖는 것이 어려울 수 있다. 연구의 모든 영역이 동일한 속도로 발전하는 것도 아니고, 근거의 양과 질에 따라 의학적 권고가 달라지기도 한다. 예를 들어 대장암 검진의 이점은 확고한 근

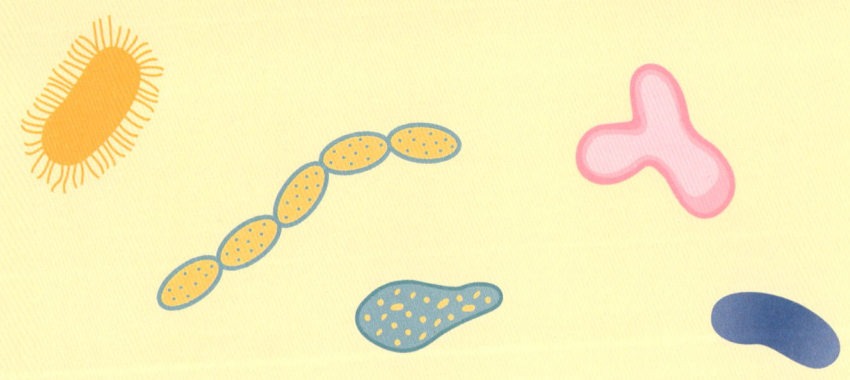

마치며

거를 바탕으로 권고되고 있으며, 쓸개관 결석을 제거하는 내시경 시술은 신뢰할 수 있는 방법으로 자리 잡았다.

우리 몸의 장 건강과 관련된 다른 분야, 예를 들어 장-뇌 축이나 장 속 미생물 군집에 대한 이해는 아직 진화하는 중이며, 앞으로 치료의 판도를 바꿀 수 있는 잠재력을 지닌 영역이다.

과학이 발전하고 우리가 장 건강에 대해 더 많이 알아 갈수록, 의학의 수준도 더 정교해질 것이다. 하나의 혈액 검사, 영상 검사, 시술만으로는 장 전체의 건강 상태를 평가할 수 없다. 단일 장기에 국한해서 살펴보더라도, 이상을 찾아내고 진단을 내리기 위해 다양한 방법을 동원해야 한다.

때때로 의학 외적인 사회적 배경이나 기술 발전도 의료의 방향에 큰 영향을 준다. 건강 형평성에 대한 관심은 특정 집단의 장 건강에 대한 이해를 바꾸게 될 것이며, 컴퓨터 처리 능력의 향상은 인공지능 기술의 발전으로 이어져, 의료진의 진단과 의사결정, 업무 효율을 도울 수 있다. 하지만 기술 발전은 동시에 또 다른 문제도 드러낸다. 예를 들어 소셜 미디어에 퍼진 장 건강 관련 잘못된 정보는 공중보건 접근 방식에 영향을 미치고, 좋은 진료를 제공하는 데 새로운 어려움을 만들기도 한다. 이 책은 인터넷상의 왜곡된 정보나 장 건강에 대해 이야기하는 걸 부끄러워하게 만드는 사회적 분위기에서 벗어나, 현재 우리가 알고 있는 가장 믿을 만한 정보를 널리 알리는 데 목적이 있다.

자신의 건강을 챙기는 일은 용기가 필요한 일이다. 이 책이 당신에게 힘이 되어, 의사와 가족, 친구들에게 장 건강에 대해 더 잘 이야기하고, 스스로 장을 돌보는 데 도움이 되기를 바란다. 이 책은 그 경험을 다른 사람들과 나누며 당신만의 통찰을 얻는 동시에, 장 건강에 대해 자유롭게 이야기할 수 있는 사회 분위기를 만드는 데 큰 역할을 할 수 있을 것이다.

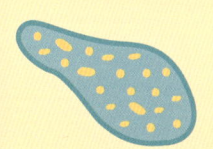

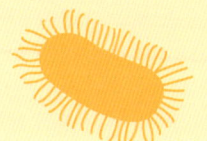

참고 자료

Chapter 1 / 소화기관의 역할

21 Valdes A M, Walter J, Segal E, Spector T. D. (2018). Role of the gut microbiota in nutrition and health. BMJ, 361 :k2179 doi:10.1136/bmj.k2179

24 Mishra, S.P., Wang, B., Jain, S., Ding, J., Rejeski, J., Furdui, C.M., Kitzman, D.W., Taraphder, S., Brechot, C., Kumar, A. and Yadav, H. (2023). A mechanism by which gut microbiota elevates permeability and inflammation in obese/diabetic mice and human gut. Gut. doi:https://doi.org/10.1136/gutjnl-2022-327365. • Margolis, K.G., Cryan, J.F. and Mayer, E.A. (2021). The Microbiota-Gut-Brain Axis: From Motility to Mood. Gastroenterology, 160(5). doi:https://doi.org/10.1053/j.gastro.2020.10.066.

25 Keefer, L., Ballou, S.K., Drossman, D.A., Ringstrom, G., Elsenbruch, S. and Ljótsson, B. (2022). A Rome Working Team Report on Brain-Gut Behavior Therapies for Disorders of Gut-Brain Interaction. Gastroenterology, 162(1), pp.300–315. doi:https://doi.org/10.1053/j.gastro.2021.09.015.

26 Ahlman, H. and Nilsson, O. (2001). The gut as the largest endocrine organ in the body. Annals of Oncology, 12(suppl 2), pp.S63–S68. doi:https://doi.org/10.1093/annonc/12.suppl_2.s63. • Gribble, F.M. and Reimann, F. (2017). Signalling in the gut endocrine axis. Physiology & Behavior, 176, pp.183–188. doi:https://doi.org/10.1016/j.physbeh.2017.02.039.

27 De Pessemier, B., Grine, L., Debaere, M., Maes, A., Paetzold, B. and Callewaert, C. (2021). Gut–Skin Axis: Current Knowledge of the Interrelationship between Microbial Dysbiosis and Skin Conditions. Microorganisms, 9(2). doi:https://doi.org/10.3390/microorganisms9020353. • www.niddk.nih.gov/health-information/professionals/clinical-tools-patient-management/digestive-diseases/dermatitis-herpetiformis

28 Harkins, P., Burke, E., Swales, C. and Silman, A. (2021).'All disease begins in the gut'—the role of the intestinal microbiome in ankylosing spondylitis. Rheumatology Advances in Practice, 5(3). doi:https://doi.org/10.1093/rap/rkab063. • Soybel, D. I. (2005). Anatomy and Physiology of the Stomach. Surgical Clinics of North America, 85(5), pp.875–894. doi:https://doi.org/10.1016/j.suc.2005.05.009. • Śródka, A. (2003). The Short History of Gastroenterology. Journal of Physiology and Pharmacology, 54(S3), pp.9–21. • Barr, J. (2015). The anatomist Andreas Vesalius at 500 years old. Journal of Vaascular Surgery, 61(5), pp.1370–1374. doi:https://doi.org/10.1016/j.jvs.2014.11.080. • Pariente, N. (2019). A field is born. Nature Research. doi:https://doi.org/10.1038/d42859-019-00006-2.

29 Holmes, K. and Guinn, J.E. (2019). Amyand hernia repair with mesh and appendectomy. Surgical Case Reports, 5(1). doi:https://doi.org/10.1186/s40792-019-0600-2. • Haubrich, W. S. (2001). Kussmaul who pioneered gastroscopy. Gastroenterology, 121(5), p.1038. doi:https://doi.org/10.1016/S0016-5085(01)70030-3. • Haubrich, W.S. (1999). Schindler who pioneered gastroscopy. Gastroenterology, 117(2), p.326. doi:https://doi.org/10.1053/gast.1999.0029900326. • Modlin, I.M. and Kidd, M. (2001). Ernest Starling and the Discovery of Secretin. Journal of Clinical Gastroenterology, 32(3), pp.187–192. doi:https://doi.org/10.1097/00004836-200103000-00001. • www.nobelprize.org/prizes/medicine/1904/summary/ • Modlin, I.M., Kidd, M., Marks, I.N. and Tang, L.H. (1997). The pivotal role of John S. Edkins in the discovery of gastrin. World Journal of Surgery, 21(2), pp.226–234. doi:https://doi.org/10.1007/s002689900221. • Konturek, S.J. (2003). Gastric secretion--from Pavlov's nervism to Popielski's histamine as direct secretagogue of oxyntic glands. Journal of Physiology and Pharmacology, 54 Suppl 3, pp.43–68. Available at: https://pubmed.ncbi.nlm.nih.gov/15075464/ • www.nobelprize.org/prizes/medicine/1988/black/biographical/ • www.nobelprize.org/prizes/medicine/1923/ceremony-speech/

30 Are, C., Dhir, M. and Ravipati, L. (2011). History of pancreaticoduodenectomy: early misconceptions, initial milestones and the pioneers. HPB, 13(6), pp.377–384. doi: https://doi.org/10.1111/j.1477-2574.2011.00305.x. • Yilmaz, S. and Sami Akbulut (2022). In memoriam of Thomas Earl Starzl, the pioneer of liver transplantation. World journal of transplantation, 12(3), pp.55–58. doi:https://doi.org/10.5500/wjt.v12.i3.55. • Campbell, I., Howell, J.D. and Evans, H. (2016). Visceral Vistas: Basil Hirschowitz and the Birth of Fiberoptic Endoscopy. Annals of Internal Medicine, 165(3), pp.214–214. doi:https://doi.org/10.7326/m16-0025. • Reynolds, W. (2001). The First Laparoscopic Cholecystectomy. JSLS : Journal of the Society of Laparoendoscopic Surgeons, 5(1), pp.89–94. Available at: https://www.ncbi.nlm.nih.gov/pmc/articles/PMC3015420/. • www.pubmed.ncbi.nlm.nih.gov/30085577/ • Kweon Ho Kang, Kim, K., Min, B., Jun Haeng Lee and Kim, J.J. (2011). Endoscopic Submucosal Dissection of Early Gastric Cancer. Gut and Liver, 5(4), pp.418–426. doi:https://doi.org/10.5009/gnl.2011.5.4.418.

31 www.nobelprize.org/prizes/medicine/2005/7693-the-nobel-prize-in-physiology-or-medicine-2005-2005-6/ • www.youtube.com/watch?v=adMfyB-eHoI • www.england.nhs.uk/2021/03/nhs-rolls-out-capsule-cameras-to-test-for-cancer/ • www.fda.gov/news-events/press-announcements/fda-authorizes-marketing-first-device-uses-artificial-intelligence-help-detect-potential-signs-colon • www.uspreventiveservicestaskforce.org/uspstf/announcements/final-recommendation-statement-screening-colorectal-cancer-0

Chapter 2 / 소화와 영양
41 www.cdc.gov/nchs/fastats/obesity-overweight.htm • www.cdc.gov/obesity/data/adult.html • www.niddk.nih.gov/health-information/health-statistics/overweight-obesity

43 www.usda.gov/media/blog/2017/05/18/food-allergies-supporting-safety-school-environment • www.https://

www.cdc.gov/healthyschools/foodallergies/index.htm • Gupta, R.S., Warren, C.M., Smith, B.M., Jiang, J., Blumenstock, J.A., Davis, M.M., Schleimer, R.P. and Nadeau, K.C. (2019). Prevalence and Severity of Food Allergies Among US Adults. JAMA Network Open, 2(1), p.e185630. doi:https://doi.org/10.1001/jamanetworkopen.2018.5630. • acaai.org/allergies/allergic-conditions/food/pollen-food-allergy-syndrome/ • www.nhs.uk/conditions/food-allergy/

44 Barbaro, M.R., Cremon, C., Stanghellini, V. and Barbara, G. (2018). Recent advances in understanding non-celiac gluten sensitivity. F1000Research, 7, p.1631. doi:https://doi.org/10.12688/f1000research.15849.1.

47 www.hprc-online.org/nutrition/performance-nutrition/macronutrients-101

50 www.uptodate.com/contents/vitamin-and-mineral-deficiencies-in-inflammatory-bowel-disease • Weisshof, R. and Chermesh, I. (2015). Micronutrient deficiencies in inflammatory bowel disease. Current Opinion in Clinical Nutrition and Metabolic Care, 18(6), pp.576–581. doi:https://doi.org/10.1097/mco.0000000000000226. • www.nhs.uk/common-health-questions/food-and-diet/do-i-need-vitamin-supplements/

53 www.openoregon.pressbooks.pub/nutritionscience/chapter/7a-energy-balance-not-simple/

47 www.fda.gov/food/food-additives-petitions/trans-fat

50 www.acog.org/womens-health/faqs/healthy-eating • www.nhs.uk/conditions/vitamins-and-minerals/vitamin-d/

Chapter 3 / 일상적인 관리
58 www.myplate.gov/eat-healthy/what-is-myplate

60 www.fda.gov/food/new-nutrition-facts-label/whats-new-nutrition-facts-label

62 Gao, J., Guo, X., Wei, W., Li, R., Hu, K., Liu, X., Jiang, W., Liu, S., Wang, W., Sun, H., Wu, H., Zhang, Y., Gu, W., Li, Y., Sun, C. and Han, T. (2021). The Association of Fried Meat Consumption With the Gut Microbiota and Fecal Metabolites and Its Impact on Glucose Homoeostasis, Intestinal Endotoxin Levels, and Systemic Inflammation: A Randomized Controlled-Feeding Trial. Diabetes Care, 44(9), pp.1970–1979. doi:https://doi.org/10.2337/dc21-0099. • www.bbc.co.uk/programmes/articles/3t902pqt3C7nGN99hVRFc1y/which-oils-are-best-to-cook-with • Sinha, R., Chow, W.H., Kulldorff, M., Denobile, J., Butler, J., Garcia-Closas, M., Weil, R., Hoover, R.N. and Rothman, N. (1999). Well-done, grilled red meat increases the risk of colorectal adenomas. Cancer Research, 59(17), pp.4320–4324. Available at: https://pubmed.ncbi.nlm.nih.gov/10485479/.

63 www.cdc.gov/foodsafety/foods-linked-illness.html

66 Maghari, B.M. and Ardekani, A.M. (2011). Genetically modified foods and social concerns. Avicenna Journal of Medical Biotechnology, 3(3), pp.109–117. Available at: https://pubmed.ncbi.nlm.nih.gov/23408723/ • www.ers.usda.gov/data-products/adoption-of-genetically-engineered-crops-in-the-u-s/recent-trends-in-ge-adoption/ • Bawa, A.S. and Anilakumar, K.R. (2012). Genetically Modified foods: safety, Risks and Public Concerns—a Review. Journal of Food Science and Technology, 50(6), pp.1035–1046. doi:https://doi.org/10.1007/s13197-012-0899-1. • Ghimire, B.K., Yu, C.Y., Kim, W.-R., Moon, H.-S., Lee, J., Kim, S.H. and Chung, I.M. (2023). Assessment of Benefits and Risk of Genetically Modified Plants and Products: Current Controversies and Perspective. Sustainability, 15(2), p.1722. doi:https://doi.org/10.3390/su15021722. • Arsène, M.M.J., Davares, A.K.L., Viktorovna, P.I., Andreevna, S.L., Sarra, S., Khelifi, I. and Sergueïevna, D.M. (2022). The public health issue of antibiotic residues in food and feed: Causes, consequences, and potential solutions. Veterinary World, 15(3), pp.662–671. doi:https://doi.org/10.14202/vetworld.2022.662-671.

67 www.fda.gov/food/food-additives-petitions/questions-and-answers-monosodium-glutamate-msg • Ghimire, B.K., Yu, C.Y., Kim, W.-R., Moon, H.-S., Lee, J., Kim, S.H. and Chung, I.M. (2023). Assessment of Benefits and Risk of Genetically Modified Plants and Products: Current Controversies and Perspective. Sustainability, 15(2), p.1722. doi:https://doi.org/10.3390/su15021722.

69 www.health.harvard.edu/heart-health/nitrates-in-food-and-medicine-whats-the-story

70 www.pennmedicine.org/news/news-releases/2022/december/gut-microbes-can-boost-the-motivation-to-exercise • McCarthy, O., Schmidt, S., Christensen, M.B., Bain, S.C., Nørgaard, K. and Bracken, R. (2022). The endocrine pancreas during exercise in people with and without type 1 diabetes: Beyond the beta-cell. Frontiers in Endocrinology, 13. doi:https://doi.org/10.3389/fendo.2022.981723. • Barrón-Cabrera, E., Soria-Rodríguez, R., Amador-Lara, F. and Martínez-López, E. (2023). Physical Activity Protocols in Non-Alcoholic Fatty Liver Disease Management: A Systematic Review of Randomized Clinical Trials and Animal Models. Healthcare, 11(14), p.1992.

71 Kyu, H.H., Bachman, V.F., Alexander, L.T., Mumford, J.E., Afshin, A., Estep, K., Veerman, J.L., Delwiche, K., Iannarone, M.L., Moyer, M.L., Cercy, K., Vos, T., Murray, C.J.L. and Forouzanfar, M.H. (2016). Physical activity and risk of breast cancer, colon cancer, diabetes, ischemic heart disease, and ischemic stroke events: Systematic review and dose-response meta-analysis for the Global Burden of Disease Study 2013. BMJ, 354, p.i3857. doi:https://doi.org/10.1136/bmj.i3857.

72 Schneider, K.M., Blank, N., Alvarez, Y., Thum, K., Lundgren, P., Litichevskiy, L., Sleeman, M., Bahnsen, K., Kim, J., Kardo, S., Patel, S., Dohnalová, L., Uhr, G.T., Descamps, H.C., Kircher, S., McSween, A.M., Ardabili, A.R., Nemec, K.M., Jimenez, M.T. and Glotfelty, L.G. (2023). The enteric nervous system relays psychological stress to intestinal inflammation. Cell. doi:https://doi.org/10.1016/j.cell.2023.05.001.

74 www.sciencedirect.com/science/article/pii/S0006322323013586#bib6 • www.nature.com/articles/s41380-022-01456-3 • Hantsoo, L. and Zemel, B.S. (2021). Stress gets into the belly: Early life stress and the gut microbiome. Behavioural Brain Research, 414, p.113474. doi:https://doi.org/10.1016/j.bbr.2021.113474.

76 Stewart, C.J., Ajami, N.J., O'Brien, J.L., Hutchinson, D.S., Smith, D.P., Wong, M.C., Ross, M.C., Lloyd, R.E., Doddapaneni, H., Metcalf, G.A., Muzny, D., Gibbs, R.A., Vatanen, T., Huttenhower, C., Xavier, R.J., Rewers, M., Hagopian, W., Toppari, J., Ziegler, Anette-G. and She, J.-X. (2018). Temporal development of the gut microbiome in early childhood from the TEDDY study. Nature, 562(7728), pp.583–588. doi:https://doi.org/10.1038/s41586-018-0617-x. • www.nature.com/articles/s41598-020-72635-x • Calcaterra, V., Rossi, V., Massini, G., Regalbuto, C., Hruby, C., Panelli, S., Bandi, C. and Gianvincenzo Zuccotti (2022). Precocious puberty and microbiota: The role of the sex hormone–gut microbiome axis. Frontiers in Endocrinology, 13. doi:https://doi.org/10.3389/fendo.2022.1000919. • Bernstein, M.T., Graff, L.A., Avery, L., Palatnick, C., Parnerowski, K. and Targownik, L.E. (2014). Gastrointestinal symptoms before and during menses in healthy women. BMC Women's Health, 14, p.14. doi:https://doi.org/10.1186/1472-6874-14-14.

77 Lethaby, A., Duckitt, K. and Farquhar, C. (2013). Non-steroidal anti-inflammatory drugs for heavy menstrual bleeding. Cochrane Database of Systematic Reviews. doi:https://doi.org/10.1002/14651858.cd000400.pub3.

78 Lee, N.M. and Saha, S. (2011). Nausea and Vomiting of Pregnancy. Gastroenterology Clinics of North America, 40(2), pp.309–334. doi:https://doi.org/10.1016/j.gtc.2011.03.009. • Gill, S.K., Maltepe, C. and Koren, G. (2009). The Effect of Heartburn and Acid Reflux on the Severity of Nausea and Vomiting of Pregnancy. Canadian Journal of Gastroenterology, 23(4), pp.270–272. doi:https://doi.org/10.1155/2009/678514. • Gomes, C.F., Sousa, M., Lourenço, I., Martins, D. and Torres, J. (2018). Gastrointestinal diseases during pregnancy: what does the gastroenterologist need to know? Annals of Gastroenterology, 31(4), pp.385–394. doi:https://doi.org/10.20524/aog.2018.0264.

79 www.ncbi.nlm.nih.gov/books/NBK570611/

80 www.healthinaging.org/a-z-topic/nutrition/basic-facts • Nakato, R., Manabe, N., Kamada, T., Matsumoto, H., Shiotani, A., Hata, J. and Haruma, K. (2016). Age-Related Differences in Clinical Characteristics and Esophageal Motility in Patients with Dysphagia. Dysphagia, 32(3), pp.374–382. doi:https://doi.org/10.1007/s00455-016-9763-1.

84 Freeman, H.J. (2010). Reproductive changes associated with celiac disease. World Journal of Gastroenterology, 16(46), p.5810. doi:https://doi.org/10.3748/wjg.v16.i46.5810. • Carini, F., Mazzola, M., Carola Maria Gagliardo, Scaglione, M., Giammanco, M. and Tomasello, G. (2021). Inflammatory bowel disease and infertility: analysis of literature and future perspectives. 92(5), pp.e2021264–e2021264. doi:https://doi.org/10.23750/abm.v92i5.11100.

Chapter 4 / 대변
88 Lee, Y.Y., Erdogan, A. and Rao, S.S.C. (2014). How to assess regional and whole gut transit time with wireless motility capsule. Journal of Neurogastroenterology and Motility, 20(2), pp.265–270. doi:https://doi.org/10.5056/jnm.2014.20.2.265. • Kiela, P.R. and Ghishan, F.K. (2016). Physiology of Intestinal Absorption and Secretion. Best Practice & Research Clinical Gastroenterology, 30(2), pp.145–159. doi:https://doi.org/10.1016/j.bpg.2016.02.007.

89 Rose, C., Parker, A., Jefferson, B. and Cartmell, E. (2015). The Characterization of Feces and Urine: A Review of the Literature to Inform Advanced Treatment Technology. Critical Reviews in Environmental Science and Technology, 45(17), pp.1827–1879. doi:https://doi.org/10.1080/10643389.2014.1000761. • Modi, R.M., Hinton, A., Pinkhas, D., Groce, R., Meyer, M.M., Balasubramanian, G., Levine, E. and Stanich, P.P. (2019). Implementation of a Defecation Posture Modification Device. Journal of Clinical Gastroenterology, 53(3), pp.216–219. doi:https://doi.org/10.1097/mcg.0000000000001143.

93 Lewis, S.J. and Heaton, K.W. (1997). Stool Form Scale as a Useful Guide to Intestinal Transit Time. Scandinavian Journal of Gastroenterology, 32(9), pp.920–924. doi:https://doi.org/10.3109/00365529709011203.

94 Accarino, A., Perez, F., Azpiroz, F., Quiroga, S. and Malagelada, Juan-R. (2008). Intestinal Gas and Bloating: Effect of Prokinetic Stimulation. The American Journal of Gastroenterology, 103(8), pp.2036–2042. doi:https://doi.org/10.1111/j.1572-0241.2008.01866.x.

Chapter 5 / 무엇이 문제일까?
104 Katz, P.O., Dunbar, K.B., Schnoll-Sussman, F.H., Greer, K.B., Yadlapati, R. and Spechler, S.J. (2021). ACG clinical guideline for the diagnosis and management of gastroesophageal reflux disease. American Journal of Gastroenterology, doi:https://doi.org/10.14309/ajg.0000000000001538.

Chapter 6 / 무언가 잘못되었을 때
126 www.ascopost.com/news/may-2022/rise-of-esophageal-cancer-and-barrett-s-esophagus-rates-in-middle-aged-adults/

129 Salih, B.A. (2009). Helicobacter pylori Infection in Developing Countries: The Burden for How Long? Saudi Journal of Gastroenterology, 15(3), pp.201–207. doi:https://doi.org/10.4103/1319-3767.54743.

130 Sirody, J., Kaji, A.H., Hari, D.M. and Chen, K.T. (2022). Patterns of gastric cancer metastasis in the United States. The American Journal of Surgery. doi:https://doi.org/10.1016/j.amjsurg.2022.01.024.

131 Camilleri, M. (2021). Diagnosis and Treatment of Irritable Bowel Syndrome. JAMA, 325(9), p.865. doi:https://doi.org/10.1001/jama.2020.22532.

135 (Stat appears in pullout quote) & **136** (stat appears in body text) Hefti, M.M., Chessin, D.B., Harpaz, N.H., Steinhagen, R.M. and Ullman, T.A. (2009). Severity of Inflammation as a Predictor of Colectomy in Patients With Chronic Ulcerative Colitis. Diseases of the Colon & Rectum, 52(2), pp.193–197. doi:https://doi.org/10.1007/dcr.0b013e31819ad456.

137 Livingston, E.H., Woodward, W.A., Sarosi, G.A. and Haley, R.W. (2007). Disconnect Between Incidence of Nonperforated and Perforated Appendicitis. Annals of Surgery, 245(6), pp.886–892. doi:https://doi.org/10.1097/01.sla.0000256391.05233.aa.

138 www.cancer.net/cancer-types/colorectal-cancer/statistics • www.cancer.org/cancer/types/colon-rectal-cancer/about/key-statistics.html • Siegel, R.L., Wagle, N.S., Cercek, A., Smith, R.A. and Jemal, A. (2023). Colorectal cancer statistics, 2023. CA: A Cancer Journal for Clinicians, 73(3). doi:https://doi.org/10.3322/caac.21772.

143 www.researchgate.net/figure/Pie-chart-showing-different-types-of-liver-diseases-which-ultimately-lead-the-liver-to_fig1_338206302

145 Seifert, L.L. (2015). Update on hepatitis C: Direct-acting antivirals. World Journal of Hepatology, 7(28), p.2829. doi:https://doi.org/10.4254/wjh.v7.i28.2829.

150 Are, C., Dhir, M. and Ravipati, L. (2011). History of pancreaticoduodenectomy: early misconceptions, initial milestones and the pioneers. HPB, 13(6), pp.377–384. doi:https://doi.org/10.1111/j.1477-2574.2011.00305.x.

151 Everhart, J.E., Khare, M., Hill, M. and Maurer, K.R. (1999). Prevalence and ethnic differences in gallbladder disease in the United States. Gastroenterology, 117(3), pp.632–639. doi:https://doi.org/10.1016/s0016-5085(99)70456-7. • www.ncbi.nlm.nih.gov/books/NBK448145/ • Di Ciaula, A. and Portincasa, P. (2018). Recent advances in understanding and managing cholesterol gallstones. F1000Research, 7(1), p.1529. doi:https://doi.org/10.12688/f1000research.15505.1. • www.ncbi.nlm.nih.gov/books/NBK470440/ • www.nhs.uk/conditions/gallstones/causes/

152 Gochanour, E., Jayasekera, C. and Kowdley, K. (2020). Primary Sclerosing Cholangitis: Epidemiology, Genetics, Diagnosis, and Current Management. Clinical Liver Disease, 15(3), pp.125–128. doi:https://doi.org/10.1002/cld.902.

Chapter 7 / 병원에서

182 Su, G.L., Ko, C.W., Bercik, P., Falck-Ytter, Y., Sultan, S., Weizman, A.V. and Morgan, R.L. (2020). AGA Clinical Practice Guidelines on the Role of Probiotics in the Management of Gastrointestinal Disorders. Gastroenterology, 159(2). doi:https://doi.org/10.1053/j.gastro.2020.05.059.

183 Silva, D. (2022). Meditation and yoga for irritable bowel syndrome: study protocol for a randomised clinical trial (MY-IBS study). BMJ Open, 12, p.59604. doi:https://doi.org/10.1136/bmjopen-2021-059604.

Data Clearances
The publisher would like to thank the following for their kind permission to reproduce their Data:
47 Uniformed Services University's Consortium for Health and Military Performance: Macronutrients Chart
81 North American Association of Central Cancer Registries (NAACR): Colorectal Cancer Incident Rates by Age Graph (US, 2012–2016) from Surveillance, Epidemiology, and End Results (SEER) Program, 2019. (Age Specific Colorectal Cancer Chart)
93 © Rome Foundation. All Rights Reserved: Bristol Stool Form Scale (Bristol Stool Chart)
94 CitizenSustainable.com: Average Human Fart Composition - https://citizensustainable.com/human-farts/. Used with permission (Composition Of An Average Human Fart Chart)
143 Elsevier: Liver Cirrhosis Chart from Optimal control strategies for preventing hepatitis B infection and reducing chronic liver cirrhosis incidence by Mst. Shanta Khatun and Md. Haider Ali Biswas. https://doi.org/10.1016/j.idm.2019.12.006.; Production and hosting by Elsevier B.V. on behalf of KeAi Communications Co., Ltd. (Liver Cirrhosis Chart).
All others © Dorling Kindersley

찾아보기

ㄱ

가공식품 47, 66~69, 84, 134
가로막탈장 126, 128~129
가스트린 20, 29
가족성선종성용종증 139
가지세포 18~19
간경화 27, 80, 102, 109, 126~127, 143~147, 152, 155
간내 쓸개즙정체증 79
간성 뇌병증 146
간암 143~144
간의 구조 15
간 이식 30, 79, 144~145, 147, 152, 171
간콩팥 증후군 146
간헐적 단식 85
감미료 61, 68~69
강황 184
거대세포바이러스 114, 144
게실염 81, 136~137, 154
게실 질환 136
고주파 절제 175
고형 가성유두종양 150
곧창자 검사 112, 116, 160
골반바닥근 이상 협응증 117
골반바닥 기능 장애 79, 183
골반바닥치료 183
공장루관 36
과민대장증후군 24~25, 44, 64, 72~73,
78~79, 82, 92, 106, 108~109, 112~114,
131~132, 151, 167, 183~184
교세포 72
구역과 구토 107
그렐린 20, 26
글루카곤 16, 26, 70
글루코코르티코이드 72
글루탐산 20, 67, 73
글루텐 27, 44~45, 55, 109, 133~134
글리코겐 15, 52
기생충 50, 115, 132, 142, 153
기초대사율 52~53
긴장성 설사 72

ㄴ

낭선종 150
낭성 섬유증 148
내분비계 20, 26, 114
내시경 역행 담췌관조영술 148, 150, 152
냉동요법 174
니트로사민 69

ㄷ

다량영양소 46~47
단백소실장병증 140
단순포진바이러스 114, 123
단일클론 항체 177
담낭절제술 171
당뇨 22, 26, 39, 42, 62, 70, 112, 114, 116, 123, 128, 144, 148
대마 184
대변 샘플 83
대변의 색깔 90~91, 118
대변의 양과 형태 89, 92~93, 97
대변의 형성 과정 88~89
대사기능 장애 관련 지방간 질환 22
대장균 21, 63, 132, 142
대장내시경 30~31, 84, 112, 114, 116, 137~139, 142, 154~155, 162~163, 165, 173
대장 세척 97
대장암 30~31, 62, 71, 81, 83, 118, 137~139, 154~155, 174, 178, 190
도자기 쓸개 153
돌창자 17~18, 88, 136
되새김 장애 40

ㄹ

라벨링 60
러너 설사 70
레저-트렐라 증후군 27
렙틴 20, 26

찾아보기

로페라미드 180
린치증후군 139

ㅁ

마이플레이트 58~59
만성 특발성 변비 112
말로리-바이스 열상 39, 127
맹장 17, 29, 111, 118, 137
맹장염 111, 118, 137
면역계 43~44, 123
면역글로불린 18, 140
면역치료 177
무기질 48, 50~51
문맥고혈압 144~145
문맥전신성 뇌병증 146
미량영양소 48~51
미세대장염 155
미세융모 35, 132
미주신경 24~25, 29, 128
미즙 15, 17, 34~35

ㅂ

바디 포지티브 41
바렛 식도 39, 104~105, 126, 170, 175
바이러스 간염 144
바이오피드백 치료 95, 116~117, 181
박테리아 18~19, 21~24, 26~28, 31, 65, 68~69, 89, 95, 127
발암물질 62, 69

발열 효과 52~53
발효식품 65, 185
방귀 94~95
방사선치료 122, 126, 130, 139, 153, 174, 176, 178
배변 장애 117
배변 조영술 117
배변 횟수 96
변비 112~113
변실금 79, 81
보르보리그미 159
보존제 68
복강경 수술 30, 137, 171
복벽 119, 134, 160
복부 팽만감 25, 65, 78, 94, 131~132, 142, 182
복수 146, 160
뵈르하베 증후군 127
분변 미생물 이식 23, 31
불내증 43~45
비만 41~42
비스무트살리실산염 180
비타민 48~49
빈창자 17~18, 36, 88, 140, 149
빌리루빈 90, 102, 151

ㅅ

사이토카인 18~19, 74
사춘기 76
삼킴곤란 103, 123~124, 126
상피세포 18~19

샘창자 15~17, 35, 105, 129, 149~150
생검 104, 163
설사 114~115
섭식장애 39~40, 106
세계보건기구 58, 85
세로토닌 20, 72
세크레틴 20, 29
셀리악병 27, 44, 55, 76, 82, 84, 106, 109, 114, 133~134, 154
소비기한 61
소장세균과잉증식 132
소화 궤양 129
소화기관의 구조 12~13
속쓰림 104~105, 119, 124, 179
수면 83
수유 76, 83
수줍은 장 증후군 96
스텐트 80, 102, 126, 150, 166, 170, 173
시진 159
식도 고리 124
식도 막 124
식도암 105, 126, 174, 175, 178
식도의 구조 14
식도이완불능증 103, 124~125, 165, 167
식도 정맥류 126~127, 143, 146
식도 폐쇄 75
식물성 대체육 69
식욕 부진 39~40, 49, 106
식용 색소와 염료 67
식이섬유 22, 46, 58, 60, 65, 89, 96, 113, 116
식이성 발열 효과 52, 53
식이요법 65, 124, 167

식중독 63, 111, 132
식품 단백질 유발성 장염 증후군 44
신경계 20, 24~25, 51, 72, 77, 79, 112, 123, 147
신경성 폭식증 40
신경세포 18, 72, 75
신경전달물질 18~19, 20, 25, 70, 72~73
심혈관 질환 54, 67, 71, 80
쓸개관암 152~153
쓸개산 흡수장애 141
쓸개의 구조 16
쓸개 절제 30, 115, 151, 153
쓸개즙염 18
쓸갯돌 16, 84, 102, 148, 151~153, 170

ㅇ

아기 75~76
아드레날린 20, 72, 172
아미노산 34, 46, 55
아밀레이스 34~35
아스파탐 68, 85
아프타 궤양 123
악성임신구토 78
알레르기 43~45
알약 유발성 식도염 80
알코올 15, 70, 82, 92, 94, 102, 143~145, 180
암모니아 109, 146
압력측정법 165
압통 160
약인성 간손상 144

어린이 37, 43~44, 75, 85
에너지 대사 52~53
엡스타인-바 바이러스 144
여드름 27
연동운동 14, 34~35, 96, 113, 124~125, 180
연하통 103
열공 헤르니아 104
영상 검사 161
오길비증후군 141
오메가-3 지방산 47
완하제 109, 112~113, 180
요가 183
용종 31, 62, 83, 138~139, 153, 165, 173~174
우울증 24, 49, 73, 106
원발 경화성 담관염 152
원발 담즙성 담관염 147
원충 142
월경 50, 76~78
위궤양 31, 91, 111, 118, 129, 150, 173, 179
위꼬임증 128~129
위내시경 29, 84, 127, 129, 139, 163
위루관 36
위마비증 128
위바닥주름술 104, 108
위산 역류 103~105, 118~119, 124, 126, 169, 179
위소매 절제술 30, 42, 166
위식도역류질환 75, 78, 80, 104~105, 111, 165
위암 31, 129~130
위염 31, 128~130

위우회술 36, 42
위의 구조 15
윌슨병 147
유당 불내증 44, 95, 108~109, 114, 140
유전자 변형 생물(GMO) 66
유통기한 47, 61, 66
융모 17, 35, 132~133, 139
음식 막힘 38
음주 82, 118, 126, 129, 143, 148~149
이물질 삼킴 37~38
이식증 40
인공지능 31, 139, 165, 191
인슐린 16, 29, 39, 62, 70, 148
인유두종바이러스 139, 154
인지행동치료 183
일반의약품 179~180
임신 78~79
입의 구조 14
잇웰가이드 58~59, 83

ㅈ

자가면역간염 145
자간증 79
자궁내막증 77~78
자연 요법 181~185
장간막 허혈증 80
장관영양 114
장 기능 25, 48~49, 79~80, 82, 141, 168, 183
장내 미생물군 21~23
장-내분비 축 26

찾아보기

장-뇌 축 24~25, 72~74, 183, 191
장누수 154
장의 구조 17
장 탈장 134
장-피부 축 27
저포드맵 25, 109, 132
전자담배 76, 82
점막하 박리술 130, 139, 178
점액성 낭선종 150
정맥류 126~127, 143, 146, 172
정맥영양 36, 167
정신건강 42, 70, 74, 106
제산제 78, 104, 112, 179
젠커 게실 123
좌약 180
주방 위생 62~63
중성지방 35, 46, 52, 148
지방 흡수장애 140~141
지사제 109, 115~116, 180
지아르디아 142
지혈 130, 137, 170, 172
질산염 68~69, 130
짧은사슬지방산 65
짧은창자증후군 140

ㅊ

창자막힘증 141
창자의 구조 17
청소년 75~76
청진 111, 158~159
체중 감소 40, 44, 78, 106, 126, 133, 135, 138, 149, 151
체질량지수 41
초가공식품 58, 67~69, 84
촉진(만져 보기) 159~160
촌충 142
최면요법 183
최종당화산물 62
충수 절제술 29
췌관내 유두상 점액종양 150
췌장 낭종 150, 155
췌장암 30, 149~150, 155, 166, 190
췌장염 48, 52, 82, 111, 148, 168
췌장의 구조 16
치질 96, 118, 137
치핵 137
침샘 12, 14, 34, 122
침술 184

ㅋ

칸디다증 123
칼프로텍틴 161
캡슐 내시경 31, 164
커큐민 184
케겔 운동 79, 116
콜레시스토키닌 20
크론병 82, 134~136, 140, 151, 155
클로스트리디오이데스 디피실리 23, 31, 81, 91, 114
클린 이팅 84

ㅌ

타진 78, 159~160
트랜스지방 47, 60
트림 94, 108~109
트립신 35, 140

ㅍ

파라세타몰 144, 155
파르코프레시스 96
파이어 판 18
페니실린 29
펩신 34
펩토비스몰 180
편형충 142
폐경 79
포도당 46, 52, 68
포만감 20, 26, 40, 54
포식세포 18~19
폭식 장애 40
풍선 배출 검사 116~117
프란시스쿠스 실비우스 28
프로게스테론 78~79, 151
프로바이오틱스 22, 26, 65, 95, 181~182, 185
프로스타글란딘 78
프로톤펌프억제제 179~180
프리바이오틱스 22, 26, 65, 95, 182
플러머-빈슨 증후군 124
피를 토하는 것 119, 127

ㅎ

항문곧창자 116~117, 167
항문암 139, 154
항문열구 140
항문의 구조 17
항생제 23, 66~67, 81, 85, 91, 95, 115,
　129, 132, 137, 146~147, 182
항암약물치료 126, 130, 139, 174,
　176~177
행동치료 111, 183
허쉬스프룽병 75
헤르페스 궤양 123
헬리코박터 파일로리 31, 129~130
헬프 증후군 79
혀 14, 34
혈변 90, 111, 114, 142
혈액 희석제 80
호산구성 식도염 76, 103, 124
화장실 공포증 96
황달 102
회충 142
회피적/제한적 음식 섭취 장애 40
후두덮개 14, 34, 38
휴식대사량 52
흡수장애 95, 114, 140~141, 147
흡연 82, 118, 126, 129~130, 145,
　148~149, 155
흡충 142
히스타민 20, 29, 44, 78, 104, 122, 180

기타

B세포 18~19
C반응단백질 161
C형 간염 30, 143~145
H2 차단제 78, 180
OPQRST 101, 111
T세포 18~19

감사의 글

저자의 감사 인사

이 책은 직접적으로든 간접적으로든 많은 분의 도움 없이는 완성되지 못했을 것이다.

먼저 문학 에이전트 마크 고틀리브와 트라이던트 미디어 그룹의 모든 분께, 이 여정을 지나오며 전해 준 조언과 지원에 깊이 감사드린다.

이 책을 함께 퍼즐처럼 맞춰 나가며 큰 도움을 주신 도얼링 킨더슬리 출판사 여러분께도 감사의 인사를 전한다. 특히 루시 시엔코우스카, 그리고 매주 인내심을 갖고 격려를 아끼지 않았던 니콜라 데샹(타깃 에디토리얼)에게 큰 감사를 전한다. 이 놀라운 여정의 출발점이 된 초기 대화를 나누었던 베키 알렉산더에게도 고맙다. 그리고 이 책을 현실로 만들어 준 모든 일러스트레이터, 교정가, 영업, 홍보 전문가 여러분께도 진심으로 감사드린다.

무엇보다도 내 환자분들께 언제까지나 감사드린다. 여러분은 이 과정을 견디게 하는 가장 큰 원동력이었고, 진료와 시술 과정에서 가장 훌륭한 스승이 되어 주었다. 환자 중 많은 분을 환우회나 온라인에서 만나 왔는데, 이 책이 여러분의 경험과 일상에서 겪는 고충에 대한 낙인을 조금이나마 덜어 내는 데 도움이 되기를 진심으로 바란다.

전 세계에서 일하고 있는 의학계 동료들께, 지금까지 쌓아 온 경력에 큰 힘이 되어 주어 감사드린다. 의대 시절 내내 아낌없는 조언과 격려를 보내 준 크리스토퍼 톰슨, 월터 찬, 제시카 알레그레티, 톰 코왈스키, 데이비드 로렌, 알렉스 슐락터만, 타마시 곤다, 존 포네로스, 벤자민 레보웰, 아난드 쿠마르 선생님께 깊은 감사를 전한다. 특별히 스티브 클라스코 선생님께 감사드린다. 선생님의 지지와 조언을 통해 내 인생은 완전히 바뀌었다. 또 마크 포차핀, 폴라 메이, 쉬우포 왕, 피차몰 지라핀요, 앨리슨 슐만, 케네스 창, 리처드 모지스, 조나탄 브링가스, 이브 슬레이터, 존 판돌피노, 비벡 쿰바리, 암리타 세티, 니킬 쿰타, 제니퍼 크리스티, 우즈마 시디키, 마노엘 갈방 네토, 클라우스 메르게너, 린다 응우옌, 닐 난디, 데이비드 리버만, 제시 에렌펠트 선생님. 내 커리어를 지지해 주고 끊임없는 영감의 원천이 되어 줘 감사드린다. 과거, 현재, 그리고 미래의 펠로우 여러분, 여러분과 함께 일하며 나는 교육자로서 더 많이 배우고 있다. 여러분의 경력이 펼쳐지는 모습을 지켜보는 것은 늘 큰 기쁨이다. 브리검 병원 소화기내과 브로 스쿼드, 그리고 컬럼비아 내과 레지던시 동료들에게도 특별히 고맙다. 누군지는 다 알 거라 믿는다. 또한 나의 임상 진료가 가능하도록 뒷받침해 주는 모든 간호사, 검사 기술자, 영양사, 행정 직원, 연구 조정자 여러분께 진심으로 감사드린다.

메드트로닉의 동료 여러분께 감사드린다. 특히 지오반니 디 나폴리는 나에게 인생에 한 번뿐인 기회를 주고 늘 아낌없는 지지를 보내 준 최고의 리더였다.

케빈 벌리너, 케이틀린 알딩거, 제네비브 오미라, 그레이스 조지, 케이트 허디나, 에리카 레데스마, 앤드루 나매니, 사브리나 짐링, 션 스테이플턴에게도 진심으로 감사드린다. 여러분의 제안과 격려가 큰 힘이 되었다. 내 역할에 혁신적인 접근 방식을 열어 주신 내시경 부서 리더십 팀과 메드트로닉 본사의 리더십 팀에도 감사를 전한다. 제프 마사, 로라 마우리, 토로드 넵튠께도 특별히 감사드린다.

부모님께도 깊이 감사드린다. 수년간 온갖 방법으로 나를 지지해 주셨고, 내 삶을 풍요롭게 만들기 위해 상상할 수 있는 모든 투자와 희생을 감수해 주셨다. 긴 의학 여정을 끝까지 이어 갈 수 있게 해 준 삶의 태도를 길러 주신 분들이다.

신예 작가에게 조언을 나눠 준 캐런 탕에게도 특별한 감사를 전한다.

이 프로젝트를 응원해 준 친구들, 조셉 파귀오, 마일스 디바인, 미키 라이, 콜린 요스트, 마이크 슈넵, 알렉스 무살람, 알록 파텔, 사미어 베리, 제이미 러틀랜드, 마이크 바샤브스키, 티파니 문, 앤디 타우, 디비야 찰리콘다, 브리아나 신, 니키 초프라, 닉 매터, 미스티 차코, 아리엘 알트만, 케이트 스칼라타, 메건 리엘, 블레어 피터스, 체탄 람프라사드, 하워드 리, 아니타 파텔, 알리 하이더, 마우리시오 곤잘레스, 알리스터 마틴, 아담 굿코프, 슈한 허, 프랭크 쿠시마노, 키셴 고디아, 개릿 홀리, 다니엘 벨라르도, 스펜서 나돌스키, 알렉스 홀, 그리고 여기 언급하지 못한 수많은 분들에게도 고맙다.

그리고 이 책을 읽는 독자 여러분, 여러분이 장 건강에 대해 더 알고자 시간을 내 주어 감사드린다. 앞으로도 친구들과 사랑하는 이들에게 올바른 건강 지식을 나누는 데 힘을 보태 주기를 바란다.

DK의 감사 인사

출판사 DK는 이번 책의 콘셉트 개발에 함께해 준 자라 안바리, 디자인 개발을 맡은 해나 노턴, 영국판 검토를 맡아 준 소피 메들린, 교정을 담당한 캐서린 글렌데닝, 그리고 찾아보기를 만들어 준 루스 엘리스에게 감사를 전한다. 또한 데이터 사용 허가를 도와준 아디티야 카이탈, 타이야바 카툰, 삼라즈쿠마르 S에게도 감사의 뜻을 전한다.

지은이 오스틴 창

오스틴 창은 세계적인 건강 기술 선도 기업 메드트로닉의 위장관 사업부 최초 최고 의료 책임자이다. 현재도 시술을 전문으로 하는 소화기내과 전문의로서 진료를 계속하고 있으며, 필라델피아에 있는 한 대학병원에서 내시경을 통한 체중 감량 프로그램의 책임자이자 의학 조교수로 재직 중이다. 듀크대학교에서 학부 과정을 마친 뒤 컬럼비아대학교에서 의학박사 학위를 취득했고, 뉴욕 프레스비테리언 병원(컬럼비아대학교)에서 내과 전공의 과정을 수료했다. 이후 브리검여성병원(하버드 의대)에서 소화기내과 및 비만내시경 펠로우 과정을 마쳤으며, 하버드 T.H. 챈 보건 대학원에서 공중보건학 석사 학위를 받고 제퍼슨 헬스에서 고난도 내시경 펠로우 과정을 마쳤다.

온라인상에서 신뢰할 수 있는 의학 정보를 환자들과 나누는 일에 열정을 갖고 있으며, 다양한 사회관계망 서비스에서 소화기내과 분야를 대표하는 영향력 있는 목소리로 알려져 있다. 2018년 힐리오 소화기내과 '올해의 혁신상', 2019년 필라델피아 인콰이어러 '헬스케어 인플루언서 신인상', 2019년 메드스케이프 선정 '소셜 미디어 상위 20인 의사', 2021년 GLAAD 미디어상 후보로 선정되었으며, 2021년 사우스바이사우스웨스트(SXSW)에서도 연단에 섰다. 소셜 미디어에서의 활동은 《뉴욕타임스》, CNBC, BBC 뉴스 등에 소개되었고, 2022년에는 백악관 주관 '소셜 미디어 보건의료 리더 원탁회의'에도 참여했다.

옮긴이 이솔

한국외대 통번역대학원 한영과에서 번역을 전공하였으며 다년간 프리랜서 번역가로 기업체 및 정부기관 문서를 번역했다. 현재 번역 에이전시 엔터스코리아에서 전문번역가로 활동 중이다. 다양한 분야에 관심을 가지고 좋은 번역을 하려 노력한다. 주요 역서로는 『절제 식단』 등이 있다.

바디 사이언스: 소화기관

발행일	2025년 8월 7일 초판 1쇄 발행
지은이	오스틴 창
옮긴이	이솔
발행인	강학경
발행처	시그마북스
마케팅	정제용
에디터	양수진, 최연정, 최윤정
디자인	김문배, 강경희, 정민애

등록번호	제10-965호
주소	서울특별시 영등포구 양평로 22길 21 선유도코오롱디지털타워 A402호
전자우편	sigmabooks@spress.co.kr
홈페이지	http://www.sigmabooks.co.kr
전화	(02) 2062-5288~9
팩시밀리	(02) 323-4197
ISBN	979-11-6862-389-7 (03510)

Original Title: Gut: An Owner's Guide
Text © Dr Austin Chiang 2024
Dr Austin Chiang has asserted his right to be identified as the author of this work.
Copyright © 2024 Dorling Kindersley Limited
A Penguin Random House Company
Korean translation copyright © 2025 by SIGMA BOOKS

www.dk.com

이 책은 저작권법에 의하여 한국 내에서 보호를 받는 저작물이므로 무단전재와 무단복제를 금합니다.

파본은 구매하신 서점에서 교환해드립니다.

* 시그마북스는 ㈜시그마프레스의 단행본 브랜드입니다.

면책 조항

이 책의 정보는 다루고 있는 특정 주제와 관련해 일반적인 지침을 제공하기 위해 작성됐습니다. 특정 상황과 특정 장소에 대한 의료, 건강관리, 제약, 기타 전문적인 조언을 대신할 수 없으며 그런 용도로 사용해서도 안 됩니다. 의학적 치료는 시작, 변경, 중단하기 전에 담당 주치의와 상담하시기 바랍니다. 저자가 아는 한, 이 책에서 제공하는 정보는 2023년 11월을 기준으로 정확한 최신 정보입니다. 관행, 법률, 규정은 모두 변경되기 마련이므로 독자는 이런 문제에 대해서 최신 전문가의 조언을 구해야 합니다. 이 책에 제품이나 치료법, 조직의 명칭이 언급됐다고 해서 이를 저자 또는 출판사가 보증한다는 의미는 아니며, 그런 명칭이 누락되었다고 해서 인증 거부를 의미하지도 않습니다. 저자와 출판사는 법이 허용하는 한 이 책에 포함된 정보의 사용 또는 오용으로 인해 직간접적으로 발생하는 모든 책임을 부인합니다.

성 정체성에 관한 참고 사항

출판사는 모든 성 정체성을 인정하며, 출생 시 성기를 기준으로 지정된 성별이 본인의 성 정체성과 일치하지 않을 수 있음을 인정합니다. 사람들은 자신을 어떤 성별로든, 어떤 성별도 아닌 것으로든 규정할 수 있습니다. 젠더 언어와 그 사용 방식이 우리 사회에서 진화함에 따라 과학 및 의료계는 지속적으로 자체 표현 방식을 재평가하고 있습니다. 이 책에 언급된 대부분의 연구에서는 출생 시 여성으로 지정된 사람을 '여성', 남성으로 지정된 사람을 '남성'으로 지칭합니다.